U0176108

王小波　主编

中国海域海岛地名志

河北、天津、江苏、上海卷

海洋出版社

2020 年·北京

图书在版编目（CIP）数据

中国海域海岛地名志. 河北、天津、江苏、上海卷 / 王小波主编 .
—北京：海洋出版社, 2020.1
　ISBN 978-7-5210-0557-8

　Ⅰ . ①中… Ⅱ . ①王… Ⅲ . ①海域—地名—中国②岛—地名—中国
Ⅳ . ① P717.2

中国版本图书馆 CIP 数据核字 (2019) 第 297523 号

主　　编：王小波（自然资源部第二海洋研究所）
责任编辑：任玲　程净净
责任印制：赵麟苏

海洋出版社 出版发行

http://www.oceanpress.com
北京市海淀区大慧寺 8 号　邮编：100081
廊坊一二〇六印刷厂印刷
2020 年 1 月第 1 版　2020 年 11 月河北第 1 次印刷
开本：889mm×1194mm　1/16　印张：7.75
字数：110 千字　定价：90.00 元
发行部：010-62100090　邮购部：010-62100072
总编室：010-62100034
海洋版图书印、装错误可随时退换

《中国海域海岛地名志》

总编纂委员会

总　主　编：王小波

副总主编：孙　丽　王德刚　田梓文

专　家　组（按姓氏笔画顺序）：

丰爱平　王其茂　王建富　朱运超　刘连安

齐连明　许　江　孙志林　吴桑云　佟再学

陈庆辉　林　宁　庞森权　曹　东　董　珂

编纂委员会成员（按姓氏笔画顺序）：

王　隽　厉冬玲　史爱琴　刘春秋　杜　军

杨义菊　吴　頔　谷东起　张华国　赵晓龙

赵锦霞　莫　微　谭勇华

《中国海域海岛地名志·河北、天津、江苏、上海卷》

编纂委员会

《河北分卷》

主　编：孟宪进

副主编：周爱华　田梓文　王立贵

编写组：

　　　　自然资源部第一海洋研究所：赵锦霞　王颖玉

　　　　河北省国土资源利用规划院：韩志平　黄鹤甫

　　　　河北省第三测绘院：李文杰　李辛铭　刘　童

　　　　唐山市自然资源和规划局：王秋妍

《天津分卷》

主　编：李建芬

副主编：姜兴钰　王　晶

编写组：

　　　　自然资源部第一海洋研究所：吴　頔　刘如英

　　　　中国地质调查局天津地质调查中心：陈永胜　商志文

《江苏分卷》

主　编：张爱明

副主编：李晓华　崔丹丹　麻德明

编写组：

　　　　自然资源部第一海洋研究所：赵晓龙　闫文文

　　　　江苏省测绘工程院：方位达　龚明劼　祝慧敏

　　　　　　　　　　　　　马运龙　赵建才　刘为东

　　　　　　　　　　　　　孙伟红　李　静

　　　　江苏省海洋经济监测评估中心：吕　林　陈艳艳

　　　　国家海洋技术中心：吴姗姗　刘　亮

《上海分卷》

主　编：谢文辉

副主编：郭伟其　马林娜

编写组：

　　　　自然资源部第一海洋研究所：吴　頔　刘如英

　　　　自然资源部东海局：陈新玺　冯　涛　唐建忠

　　　　　　　　　　　　　马　越

前　言

我国海域辽阔，海域海岛地理实体众多，在历史的长河中产生了丰富多彩、类型各异的地名，是重要的基础地理信息。开展全国海域海岛地名普查工作，对于维护国家主权和领土完整，巩固国防建设，促进经济社会协调发展，方便社会交流交往、人民群众生产生活，提高政府管理水平和公共服务能力，都具有十分重要的意义。

20 世纪 80 年代，中国地名委员会组织开展了我国第一次地名普查，对海域地名也进行了普查（台湾省及香港、澳门地区的地名除外），并进行了地名标准化处理。经过近 30 年的发展，在海域海岛地理实体中，有实体无名、一实体多名、多实体重名的现象仍然不同程度存在；有些地理实体因人为开发、自然侵蚀等原因已经消失，但其名称依然存在。在海洋经济已经成为拉动我国国民经济发展有力引擎的新形势下，特别是党的十九大报告提出"坚持陆海统筹，加快建设海洋强国"，开展海域海岛地名普查及标准化工作刻不容缓。

根据《国务院办公厅关于开展第二次全国地名普查试点的通知》（国办发〔2009〕58 号）精神和《第二次全国地名普查试点实施方案》的要求，原国家海洋局于 2009 年组织开展了全国海域海岛地名普查工作，对海域、海岛及其他地理实体展开了全面的调查，空间上涵盖了中国所有海岛，获取了我国海域海岛地名的基本情况。全国海域海岛地名普查工作得到了沿海省、直辖市、自治区各级政府的大力支持，11 个沿海省（市、区）的各级海洋主管部门、37 家海洋技术单位、数百名调查人员投入了这项工作，至 2012 年基本完成。对大陆沿海数以万计的海岛进行了现场调查，并辅以遥感影像对比；对港澳台地区的海岛地理实体进行了遥感调查，并现场调查了西沙、南沙的部分岛礁，获取了大量实地调查资料和数据。这次普查基本摸清了全国海域、海岛和其他地理实体的数量与分布，了解了地理实体名称含义及历史沿革，掌握了地理实体的开发利用情况，并对地理实体名称进行了标准化处理。《中国海域海岛地名志》即是全国海域海岛地名普查工作成果之一。

地名志是综合反映地名的专著,也是标准化地名的工具书。1989 年,中国地名委员会以第一次海域地名普查成果为基础,编纂完成《中国海域地名志》,收录中国海域和海岛等地名 7 600 多条。根据第二次全国海域海岛地名普查工作总体要求,为了详细记录全国海域海岛地名普查成果,进一步加强海域海岛名称管理,传承海域海岛地名历史文化,维护国家海洋权益,原国家海洋局组织成立了《中国海域海岛地名志》总编纂委员会,经过沿海省(市、区)地名普查和编纂人员三年的共同努力,于 2014 年编纂完成了《中国海域海岛地名志》初稿。2018 年 6 月 8 日,国家海洋局、民政部公布了《我国部分海域海岛标准名称》。编委会依据公布的海域海岛标准名称,对初稿进行了认真的调整、核实、修改和完善,最终编纂完成了卷帙浩繁的《中国海域海岛地名志》。

《中国海域海岛地名志》由辽宁卷,山东卷,浙江卷,福建卷,广东卷,广西卷,海南卷和河北、天津、江苏、上海卷共 8 卷组成。其中河北、天津、江苏、上海合为一卷,浙江卷分为 3 册,福建卷分为 2 册,广东卷分为 2 册,全国共 12 册。共收录海域地理实体地名 1 194 条、海岛地理实体地名 8 923 条,内容涵盖了地名含义及沿革、位置面积资源等自然属性、开发利用现状等社会经济属性及其他概况。所引用的数据主要为现场调查所得。

《中国海域海岛地名志》是全面系统记载我国海域海岛地名的大型基础工具书,是我国海洋地名工作一项有意义的文化工程。本书的出版,将为沿海城乡建设、行政管理、经济活动、文化教育、外事旅游、交通运输、邮电、公安户籍、地图测绘等事业,提供历史和现实的地名资料;同时为各企事业单位和广大读者提供地名查询服务,并为海洋科技工作者开展海洋调查提供基础支撑。

本书是《中国海域海岛地名志·河北、天津、江苏、上海卷》,其中:河北共收录海域地理实体地名 18 条,海岛地理实体地名 11 条;天津共收录海域地理实体地名 9 条,海岛地理实体地名 1 条;江苏共收录海域地理实体地名 28 条,海岛地理实体地名 24 条;上海共收录海域地理实体地名 27 条,海岛地理实体地名 23 条。

本卷在搜集材料和编纂过程中，得到了原河北省海洋局、河北省各级海洋和地名有关部门、河北省海洋研究院、河北省第三测绘院、原天津市海洋局、天津市地名有关部门、中国地质调查局天津地质调查中心、原江苏省海洋与渔业局、江苏省各级海洋和地名有关部门、江苏省测绘工程院、原上海市海洋局、上海市各级海洋和地名有关部门、上海市海洋管理事务中心、东海海洋工程勘察设计研究院，以及自然资源部第一海洋研究所、自然资源部第二海洋研究所、自然资源部第三海洋研究所、国家卫星海洋应用中心、国家海洋信息中心、国家海洋技术中心等海洋技术单位的大力支持。在此我们谨向为编纂本书提供帮助和支持的所有领导、专家和技术人员致以最深切的谢意！

鉴于编者知识和水平所限，书中错漏和不足之处在所难免，尚祈读者不吝指正。

《中国海域海岛地名志》总编纂委员会

2019 年 12 月

凡 例

1. 本志主要依据国家海洋局《关于印发〈全国海域海岛地名普查实施方案〉的通知》（国海管字〔2010〕267号）、《国家海洋局海岛管理司关于做好中国海域海岛地名志编纂工作的通知》（海岛字〔2013〕3号）、《国家海洋局民政部关于公布我国部分海域海岛标准名称的公告》（2018年第1号）进行编纂。

2. 本志分前言、凡例、目录、地名分述和附录。

3. 地名分述分海域地理实体、海岛地理实体两部分。海域地理实体包括海、海湾、海峡、水道、滩、半岛、岬角、河口；海岛地理实体包括群岛列岛、海岛。

4. 按条目式编纂。

（1）海域地理实体的条目编排顺序，在同一省份内，按市级行政区划代码由小到大排列，在县级行政区域内按地理位置自北向南、自西向东排列。

（2）群岛列岛的条目编排顺序，原则上在省级行政区域内按地理位置自北向南、自西向东排列；有包含关系的群岛列岛，范围大的排前。

（3）海岛的条目编排顺序，在同一省份内，按市级行政区划代码由小到大排列，在县级行政区域内原则上按地理位置自北向南、自西向东排列。有主岛和附属岛的，主岛排前。

5. 入志范围。

（1）海域地理实体部分。

海：2018年国家海洋局、民政部公布的《我国部分海域海岛标准名称》（以下简称《标准名称》）中收录的海。

海湾：《标准名称》中面积大于5平方千米的海湾和小于5平方千米的典型海湾。

海峡：《标准名称》中收录的海峡。

水道：《标准名称》中最窄宽度大于1千米且最大水深大于5米的水道和已开发为航道的其他水道。

滩：《标准名称》中直接与陆地相连，且长度大于 1 千米的滩。

半岛：《标准名称》中面积大于 5 平方千米的半岛。

岬角：《标准名称》中已开发利用的岬角。

河口：《标准名称》中河口对应河流的流域面积大于 1 000 平方千米的河口和省级界河口。

（2）海岛地理实体部分。

群岛、列岛：《标准名称》中大陆沿海的所有群岛、列岛。

海岛：《标准名称》中收录的海岛。

6. 实事求是地记述我国海域地理实体、海岛地理实体的地名含义及历史沿革；全面真实地反映地理实体的自然属性和社会经济属性。对相关属性的描述侧重当前状态。上限力求追溯事物发端，下限至 2011 年年底，个别特殊事物和事件适当下延。

7. 录用的资料和数据来源。

地名的含义和历史沿革，取自正史、旧志、地名词典、档案、文件、实地调访以及其他地名资料。

群岛列岛地理位置为遥感调查。海岛地理位置为现场实测，并与遥感调查比对。

岸线长度、近岸距离、面积，为本次普查遥感测量数据。

最高点高程，取自正史、旧志、调查报告、现场实测等。

人口，取自现场调查、民政部门登记资料以及官方网站公布数据。

统计数据，取自统计公报、年鉴、期刊等公开资料。

8. 数据精确度按以下位数要求。如引用的数据精确度不足以下要求位数的，保留引用位数；如引用的数据精确度超过要求位数的，按四舍五入原则留舍。

地理位置经纬度精确到分位小数点后一位数。

湾口宽度、海峡和水道的最窄宽度、河口宽度，小于 1 千米的，单位用"米"，精确到整数位；大于或等于 1 千米的，单位用"千米"，精确到小数点后两位。

岸线长度、近陆距离大于 1 千米的，单位用"千米"，保留两位小数；小于 1 千米的，单位用"米"，保留整数。

面积大于 0.01 平方千米的，单位用"平方千米"，保留四位小数；小于 0.01 平方千米的，单位用"平方米"，保留整数。

高程和水深的单位用"米"，精确到小数点后一位数。

9. 地名的汉语拼音，按 1984 年 12 月 25 日中国地名委员会、中国文字改革委员会、国家测绘局颁布的《中国地名汉语拼音字母拼写规则（汉语地名部分）》拼写。

10. 采用规范的语体文、记述体。行文用字采用国家语言文字工作委员会最新公布的简化汉字。个别地名，如"磜""矿""沥"等方言字、土字因通行于一定区域，予以保留。

11. 标点符号按中华人民共和国国家标准《标点符号用法》（GB/T 15834 － 1995）执行。

12. 度量衡单位名称、符号使用，采用国务院 1984 年 3 月 4 日颁布的《中华人民共和国法定计量单位的有关规定》。

13. 地名索引以汉语拼音首字母排列。

14. 本志中各分卷收录的地理实体条目和各地理实体相对位置的表述，不作为确定行政归属的依据。

15. 本志中下列用语的含义：

海，是指海洋的边缘部分，是大洋的附属部分。

海湾，是指海或洋深入陆地形成的明显水曲，且水曲面积不小于以口门宽度为直径的半圆面积的海域。

海峡，是指陆地之间连接两个海或洋的狭窄水道或狭窄水面。

水道，是指陆地边缘、陆地与海岛、海岛与海岛之间的具有一定深度、可通航的狭窄水面。一般比海峡小或是海峡的次一级名称。

滩，是指高潮时被海水淹没、低潮时露出，并与陆地相连的滩地。根据物质组成和成因，可分为海滩、潮滩（粉砂淤泥质）和岩滩。

半岛，是指伸入海洋，一面同大陆相连，其余三面被水包围的陆地。

岬角，是指突入海中、具有较大高度和陡崖的尖形陆地。

河口，是指河流终端与海洋水体相结合的地段。

海岛，是指四面环海水并在高潮时高于水面的自然形成的陆地区域。

有居民海岛，是指属于居民户籍管理的住址登记地的海岛。

常住人口，是指户口在本地但外出不满半年或在境外工作学习的人口与户口不在本地但在本地居住半年以上的人口之和。

群岛，是指彼此相距较近的成群分布的岛群。

列岛，一般指线形或弧形排列分布的岛链。

目　录

河北分卷

上篇

海域地理实体

HAIYU DILI SHITI

第一章 海

渤海 (Bó Hǎi)

北纬 36°58.0′—40°59.0′，东经 118°42.0′—122°17.0′。北与辽宁省接壤，西与河北省、天津市相邻，南与山东省毗邻，仅东部以北起辽东半岛南端的老铁山西角和南至山东半岛北部的蓬莱头之间的渤海海峡与黄海相通。渤海是中华人民共和国的内海。

渤海之名，久矣。早在我国古籍《山海经·南山经》中就有记载："又东五百里，曰丹穴之山……丹水出焉，而南流注于渤海"，"又东五百里，曰发爽之山……汎水出焉，而南流注于渤海"。《山海经·海内东经》有"济水出共山南东丘，绝钜鹿泽，注渤海……潦水出卫皋东，东南注渤海，入潦阳。虖沱水出晋阳城南，而西至阳曲北，而东注渤海……漳水出山阳东，东注渤海"。《列子》一书中也有渤海名字的记载。汤又问："物有巨细乎？有修短乎？有同异乎？"革曰："渤海之东不知几亿万里，有大壑焉，实惟无底之谷，其下无底，名曰归墟。"在《战国策·齐策一》中有"苏秦为赵合从（纵），说齐宣王曰：'齐南有太（泰）山，东有琅琊，西有清河，北有渤海，此所谓四塞之国也。'"又说："即有军役，未尝倍太山，绝清河，涉渤海也。"《战国策·赵策二》："约曰：秦攻燕，则赵守常山……齐涉渤海，韩、魏出锐师以佐之。秦攻赵，则韩军宜阳……齐涉渤海，燕出锐师以佐之。"到了秦、汉有关渤海的记载就多了。司马迁在《史记·秦始皇本纪》中有"二十八年……于是乃并渤海以东，过黄、腄、穷成山，登之罘，立石颂秦德焉而去"。在《史记·高祖本记》中有"夫齐，东有琅琊、即墨之饶，南有泰山之固，西有浊河之限，北有渤海之利"。汉高祖五年（公元前 202 年）置渤海郡，因其在渤海之滨，固以为名。班固在《前汉书·武帝纪》中也有"（元光）三年春，河水徙，从顿丘东南流入渤海"的记载。北魏郦道元在《水经注》

中说："河水出其东北陬，屈从其东南流，入于渤海。"

渤海又称渤澥。汉文学家司马相如在其《子虚赋》中有"且齐东陼钜海，南有琅琊，观乎成山，射乎之罘，浮渤澥，游孟诸"之句。到了唐代，徐坚等在《初学记》中说："东海之别有渤澥，故东海共称渤海，又通谓之沧海。"

渤海又称为北海。《山海经·海内经》云："东海之内，北海之隅，有国名曰朝鲜……其人水居，偎人爱之。"《左传·僖公四年》有"四年春，齐侯……伐楚。楚子使与师言曰：'君处北海，寡人处南海，唯是风马牛不相及也'。"这里所说的北海即包括了渤海和部分黄海。汉景帝前元二年（公元前155年）分齐郡设北海郡，东汉建武十三年（公元37年）改北海郡为北海国，其名即因北海而名之。

渤海又称辽海。《旧唐书·地理志》有"高宗时，平高丽、百济，辽海以东，皆为州"之记载。杜甫在《后出塞五首之四》中有："云帆转辽海，粳稻来东吴。"杨伦注云："辽东南临渤海，故曰辽海。"明代也将该海域称辽海。《明史·卷四〇·志第十六·地理》云："正统六年十一月，罢称行在，定为京师府……北至宣府，东至辽海，南至东明，西阜平。"清代仍有将渤海称辽海的记载，如《松江府志》中就有"自东大洋北，历山东，通辽海"的记载。

渤海海岸线长达2278千米，面积7.7万平方千米。平均水深18米，最大水深86米，位于渤海海峡北部老铁山水道南支。渤海按其基本特征分为辽东湾、渤海湾、莱州湾、中央海区和渤海海峡五部分。辽东湾位于辽东半岛南端老铁山西角与河北省大清河口连线以北；渤海湾位于河北省大清河口与山东省黄河刁口河流路入海口连线以西；莱州湾位于黄河刁口河流路入海口至龙口市屺坶岛高角连线以南；渤海海峡位于老铁山西角至蓬莱头之间的狭长海域，渤海海峡被庙岛群岛分割成若干水道；中央海区则为上述4个海域之外的渤海的中央部分。

渤海是一个近封闭的大陆架浅海。渤海几乎被陆地所包围。在地质地貌上，渤海是一个中、新生代沉降盆地。这个陆缘浅海由于受到东北向构造的控制，整个海域呈东北至西南纵长的不规则四边形，其西北一侧与燕山山地的东端及华北平原相连，东南侧紧邻山东半岛与辽东半岛。第四纪期间，渤海盆地的海水几度进退，到全新世时海平面大幅度上升才形成今天的浅海。注入渤海的河流有黄河、海河、滦河、辽河等，河流含沙量高，每年输送大量泥沙入海，使渤海逐渐淤浅、缩小。渤海沿岸较大海湾除辽东湾、渤海湾和莱州湾外，还有辽宁省的金州湾、普兰店湾、复州湾、锦州湾和连山湾，河北省的七里海等。海岛主要分布在辽东湾沿岸、渤海海峡南部，较大的海岛有长兴岛、北长山岛和南长山岛等。

渤海地处暖温带，初级生产力高，水质肥沃，有利于海洋生物的繁衍、生息。渤海共有生物资源600余种，其中鱼类生物近300种。渤海中的辽东湾、滦河口、渤海湾和莱州湾是我国重要的渔场；但多年来因过度捕捞和海洋污染等原因，渤海天然渔业产量和质量均有所下降，国家近年来大力开展伏季休渔、增殖放流等措施，实施渤海渔业资源保护与恢复。渤海盆地已经探明的油气可采资源量超过50亿吨，是目前我国最大的海上产油气盆地，秦皇岛32-6、南堡35-2、曹妃甸11-1/11-2、锦州93、金县1-1、旅大37-2、渤中25-1、蓬莱25-6/19-3等均为亿吨和近亿吨级大油田。渤海沿岸港口资源众多，天津港是我国北方最大的综合性港口，2012年完成货物吞吐量近5亿吨，营口港、秦皇岛港、唐山港等货物吞吐量也超过了2亿吨，均进入了全球货物吞吐量前20大港口名单。渤海沿岸海盐生产历史悠久，是我国重要的海盐生产、盐化工、制碱等基地，长芦盐场是我国最大的海盐产地；莱州湾南岸的地下卤水资源是我国该类资源储量最丰富的区域之一，利用卤水生产的氯化钾、氯化镁、澳素、无水芒硝等在全国盐业系统中占有突出地位。渤海旅游资源类型多样，如山海关、北戴河、蓬莱阁等是著名的滨海旅游区；其他如风能、海洋能等具有较好的开发前景。近年来，环渤海的辽宁沿海经济带、河北沿海经济带、曹妃甸新区、天津滨海新区、黄河三角洲高效生态经济区、山东半岛蓝色经济区等发展战略相继获得国家批复实施，海洋经济持续快速发展，2012年，环渤海地区海洋生产总值18 078亿元，占全国海洋生产总值的比重为36.1%。

第二章 海 湾

辽东湾 (Liáodōng Wān)

北纬 39°46.5′、东经 120°45.7′。位于渤海北部，是渤海三大海湾之一，广义辽东湾西起河北省大清河口，东至辽东半岛南端的老铁山西角连线以北海域，被辽宁、河北两省环抱，跨秦皇岛市、葫芦岛市、锦州市、盘锦市、营口市和大连市。清光绪《大清帝国全图》盛京省南渤海中有辽东湾之标注。辽东湾海岸线长 1 463 千米，海湾面积 3.66 万平方千米，最大水深 56 米。辽东湾狭义有多种说法：其一，辽东湾西起辽宁省西部六股河口，东到辽东半岛西侧长兴岛连线以北海域；其二，西起河北省秦皇岛，东至辽东半岛西侧长兴岛的连线以北海域。

辽东湾是我国纬度最高的海湾，有辽河、大凌河、小凌河、滦河等注入。海底地形自湾顶及东西两侧向中央倾斜，湾东侧水深大于西侧。河口大多发育水下三角洲。平均潮差（营口站）2.7 米，最大可能潮差 5.4 米。冬季结冰，冰厚 30 厘米左右。湾顶为淤泥质平原海岸，海湾西岸发育平直砂质海岸，东岸为岬湾海岸。沿岸分布有金州湾、普兰店湾、复州湾、锦州湾等海湾。海岛主要分布在辽东湾东岸和葫芦岛沿岸，较大的海岛有长兴岛、菊花岛等。沿岸主要港口有营口港、锦州港、秦皇岛港等。

渤海湾 (Bóhǎi Wān)

北纬 38°35.6′，东经 118°12.6′。位于渤海西部，渤海三大海湾之一。北起河北省乐亭县大清河口，南到山东省 1976 年前的老黄河口连线以西海域，三面环陆，与河北、天津、山东的陆岸相邻，跨唐山市、天津市、沧州市、滨州市和东营市。因其靠清代直隶省，故民国十七年（1928 年）之前该湾称为"直隶海湾"，随着直隶省在民国十七年改称河北省后，1929 年将"直隶海湾"改称"渤海湾"。面积 1.17 万平方千米，岸线长 618 千米，最大水深 39 米。

有蓟运河、海河、子牙新河等河流流入。湾内有丰富的石油资源；有唐山港、天津港、黄骅港等重要港口。

秦皇岛湾 (Qínhuángdǎo Wān)

北纬 39°52.2′，东经 119°33.3′。位于秦皇岛市区南部，北起秦皇岛角，沿岸为秦皇岛市海港区和北戴河区。因位于秦皇岛市区南部，故名。湾口宽约 13 千米，海湾岸线长 27 千米，海湾面积 40 平方千米，最大水深 9.5 米。

湾口朝向东南，湾顶发育沙滩，现已开辟为西浴场和秦皇岛浅水湾浴场等海水浴场，海湾南部为基岩海岸，现建有鸽子窝公园。入海河流有汤河和新河。

七里海 (Qīlǐ Hǎi)

北纬 39°34.7′，东经 119°14.9′。位于秦皇岛市昌黎县东南海岸，古称"古溟海"。为一潟湖型海湾，海湾东北隅以新开口与渤海相连。原七里海为一与海隔绝的淡水湖，清光绪九年（1883 年）大水，滦河泛滥，洪水倾入七里海，在东北角将沙丘冲开一条水道注入渤海，后人称其为"新开口"，又名"兴隆口"。新开口形成后，海水随潮汐涌入七里海，淡水变成了咸水，使七里海成为河北省内一个著名的潟湖，此后有许多渔船、商船在这里停泊。清《方舆纪要》卷 17 记载，昌黎县"溟海东南七十里，海至县界，突然北出七里而赢，亦曰七里滩，广袤三十余里。有菱芡、鱼蟹之利，居民赖焉"。海湾岸线长 16.47 千米，口门宽约 60 米，海湾面积 10.03 平方千米，最大水深 1.7 米。

中华人民共和国成立后，七里海周边围垦建了养殖池塘，后期经过整治，恢复了水面，现建设成为河北农业大学海洋学院的国家科技支撑课题实施基地（滩涂贝类修复项目），是秦皇岛地区重要渔港之一。

第三章　滩

昌黎黄金海岸 （Chānglíhuángjīnhǎi'àn）

北纬 39°42.4′，东经 119°20.3′。位于秦皇岛市昌黎县东南海岸，沙质松软，色黄如金，故称昌黎黄金海岸。海滩。

昌黎黄金海岸，东北起昌黎县与抚宁区交界的小黄河口，西南至滦河口，长达 52.1 千米。黄金海岸的沙丘、沙堤、潟湖、林带等海洋自然景观和海区生态环境，具有重要的生态学价值、科学研究价值和旅游观赏价值。1990 年 9 月 30 日，国务院批准昌黎黄金海岸北起大浦河口，南至滦河口北岸一段海岸为中国首批 5 个国家级海洋自然保护区之一。昌黎黄金海岸旅游资源丰富，著名旅游景点有翡翠岛生态观光园、金沙湾沙雕大世界、黄金海岸国际滑沙场。

第四章　岬　角

老龙头 (Lǎolóng Tóu)

北纬 39°58.0′，东经 119°47.7′。位于秦皇岛市山海关区老龙头风景区内。据《山海关志》（1994），万里长城从这里入海，古人把万里长城比作一条巨龙，龙首伸入大海之中，拨动着海浪翻腾，故名老龙头。另据清《临榆县志》记载："万历七年（1579 年）增筑南海口关入海石城七丈……有石为垒，载入海中，高可三丈许，长约数倍，曰老龙头。"老龙头，是万里长城的入海处，是明朝万历年间时任蓟镇总兵的抗倭名将戚继光和参将吴惟忠主持修建的。现建有老龙头风景区，景区包括入海石城、靖卤台、南海口关、澄海楼、宁海城、海神庙、海水浴场。

秦皇岛角 (Qínhuángdǎo Jiǎo)

北纬 39°54.7′，东经 119°36.9′。位于秦皇岛市海港区东山浴场西侧。岬角向南突出，建有海事灯塔，东侧有著名旅游景点：始皇求仙处和东山海水浴场。

鹰角石 (Yīngjiǎoshí)

北纬 39°49.8′，东经 119°31.8′。位于秦皇岛市北戴河区新河口南岸。岬角向北突出，附近发育海蚀地貌。因岬角陡峭如削，似鹰似隼，雄视海域，气势傲然，故名，又名鹰隼石。因古来野鸽栖居岬角上，故又名鸽子窝。位于新河口东西走向的石英脉的大断裂带上，是一个海蚀崖，高 20 余米。附近建鸽子窝公园，是北戴河海滨旅游度假区的景点之一。

老虎石 (Lǎohǔshí)

北纬 39°48.7′，东经 119°29.1′。位于秦皇岛市北戴河区海滨度假区内。因岬角巨石延伸入海，形如群虎盘踞，故名老虎石。1925 年《北戴河海滨志略》记载："在中海滩路南海内，有巨石突出海面，形如群虎盘踞，故名老虎石。"位于老虎石公园内，附近沙滩开辟为海水浴场。

第五章　河　口

石河口（Shíhé Kǒu）

北纬 39°58.0′，东经 119°46.3′。位于秦皇岛市山海关区西南海岸。因是石河入海口而得名。石河，又名大石河，古称渝水，因河床绝大部分由卵石组成，故称石河。河流由北向南入渤海，长 67.5 千米，流域面积 560 平方千米。河口呈南北走向，最宽处 462 米，河口里侧建有挡潮坝，口门外分布石河南岛。

沙河口（Shāhé Kǒu）

北纬 39°56.6′，东经 119°42.8′。位于秦皇岛市山海关区海岸西侧。因是沙河入海口，故名。河口南北走向，最宽处 166 米，河流由北往南入渤海。河口位于石河镇卸粮口村南侧，东侧为山海关一级渔港，西侧为秦皇岛港东港区。

汤河口（Tānghé Kǒu）

北纬 39°54.2′，东经 119°34.3′。位于秦皇岛市海港区秦皇岛港西港区西侧。因是汤河入海口，故名。河流穿过市区由北往南入渤海，长 1 062 千米，流域面积 184 平方千米。河口南北走向，最宽处 1 063 米。河口两侧已建有人工堤坝，东侧为秦皇岛西港区，西侧为 1990 年北京亚运会水上运动项目基地。

洋河口（Yánghé Kǒu）

北纬 39°46.7′，东经 119°24.8′。位于秦皇岛市抚宁区南戴河旅游区南侧。为洋河入海口而得名。古称"阳河"，后称洋河。是秦皇岛市内冀东独流入海各河中的第一大河，水量居于各河之首。河流全长 100 千米，流域面积 1 029 平方千米，年均径流量 1.71 亿立方米，年均输沙量 18.4 万吨。河口东西走向，河口处修建了防潮坝，南北两岸修建人工堤坝。现为渔港。

滦河口（Luánhé Kǒu）

北纬 39°25.5′，东经 119°17.1′。位于秦皇岛市昌黎县与唐山市乐亭县之间。因为滦河入海口，故名。

滦河，古名濡水，亦名上都河，河长 888 千米，流域面积 44 750 平方千米。1979 年之前，年均径流量 46.6 亿立方米，年均输沙量 2 270 万吨；1979 年之后，潘家口、大黑汀水库建成蓄水后，年均径流量 18.39 亿立方米，年均输沙量 103 万吨。

滦河口是一个三角洲型河口，河口尾闾的不断摆动迁徙，是滦河三角洲形成的主要过程。14 世纪以前，滦河尾闾由马城经大相各庄在柳赞一带入海；15－17 世纪由马城东经沙窝堡在大庄河一带入海；17－18 世纪，由马城东经沙窝堡、汀流河、边流河、马头营，在大清河入海；18－19 世纪滦河经马城、沙窝堡、汀流河向下分数个分支在湖林铺、老米沟、浪窝口、甜水沟入海；1915 年滦河大改道由今河道入海，形成现在的河口。

滦河进入滦县的姜各庄便进入河口区，河口区分三段。河流近口段：上游起于姜各庄标上村的潮区界，终于王腰庄的潮流界，全长近 5 千米，河流单一向海流，河道内边滩发育，少汊道。河流河口段：从王腰庄起，止于滨外沙坝，全长约 10 千米。此段海河相互作用，水流复杂多变，河床不稳定，江心洲发育，河流多汊，河口开阔。河口有环状滨外沙坝，沙坝内有潟湖。河口段内发育典型的三角洲平原。口外海滨段：从口门起到水下三角洲的前缘坡折止，全长约 5.5 千米，前缘水深在 10 米等深线附近。此段海水作用为主，波浪、流、风暴潮等都对其有重要影响。

河口区海域为不正规半日潮过渡海域，曹妃甸平均潮差 1.40 米，最大潮差 2.74 米；近岸海域以往复流为主，最大实测流速 0.17～0.6 米 / 秒；波浪以南向浪为主，其次是东南向。曹妃甸区域的最大波高为 2.49 米（西南向）。河口海域冬季有结冰现象，通常 12 月中下旬开始结冰，翌年 2 月下旬终冰，冰期 90～110 天。近年来，由于河流来沙减少，河口三角洲前缘海岸出现了不同程度的海岸侵蚀现象。

河口三角洲的土地资源及海域资源丰富，当地农业和水产业都很发达。近年来，三角洲地区的临港工业发展迅速，并在三角洲前缘建设京唐港和曹妃甸港，使本地海上交通大大改善，地方经济飞快发展。

涧河口 （Jiànhé Kǒu）

北纬 39°13.6′，东经 118°03.9′。位于唐山市丰南区南部海岸。因在涧河（村名）附近汇合入海，故名，为陡河及西排干的入海口，又名陡河口。河流由北向南入渤海湾，陡河长 121.5 千米，流域面积 1 340 平方千米，年均径流量 13.1 亿立方米，年均输沙量 12.1 万吨。河口南北走向，口宽 79 米，河口为半日潮，潮流顺河流南北流向，流速约 0.3 米 / 秒。建有防潮闸，为一天然渔港，集油、水、食品供给、水产品交易、储运的综合性渔港码头，可停靠船只近 200 艘。

北排河口 （Běipáihé Kǒu）

北纬 38°37.1′，东经 117°32.5′。位于天津市东南部与河北省沧州市交界处，天津滨海新区（原大港区）新马棚口（村）南侧。系北排河入海口。河流全长 161.5 千米，流域面积 1 328 平方千米。河口宽约 160 米。1966 年河口段建成挡潮桥闸，桥面宽 4 米，负荷 13 吨。1979 年又于其东侧另建一挡潮闸。

南排河口 （Nánpáihé Kǒu）

北纬 38°29.3′，东经 117°37.7′。位于沧州市黄骅市李家堡。因是南排河入海口，故名。南排河，因其位于沧州市以南而得名。南排河长 99 千米，流域面积 13 707 平方千米，起自泊头市乔官屯，至黄骅市李家堡入渤海湾。河口东西走向，最大宽度 207 米。

下篇

海岛地理实体
HAIDAO DILI SHITI

龙岛 (Lóng Dǎo)

北纬 39°01.4′，东经 118°44.4′。位于唐山市曹妃甸区东南海堤 5.77 千米海域。《河北省岛礁地名文字概况》（1985）记为东坨，系东坑坨之简称；《河北省志·海洋志》（1994）记为东坑坨；《河北省海岛资源》（1995）和《全国海岛名称与代码》（2008）中均记为东坑。第二次全国海域地名普查，因岛体近似龙形，且地处双龙河、青龙河入海口，故名。岸线长 23.18 千米，面积 3.506 3 平方千米。沙泥岛，地势平缓，中间高四周低。主要土壤类型为滨海新积土，地势较高处生长有芦苇、砂引草等植物。岛上蕴含地热资源。岛西北侧建有 2 个石油开采人工岛，岛东南侧建有码头，并有栈桥和道路与人工岛相连。

长臂岛 (Chángbì Dǎo)

北纬 39°25.3′，东经 119°18.2′。位于唐山市乐亭县滦河口南海岸 910 米海域。《中国海洋岛屿简况》（1980）记载该岛区域有 1 个海岛，编号 0533；《河北省海岛资源》（1995）记载该岛区域有 2 个海岛，称滦河口外诸岛 033、滦河口外诸岛 035。第二次全国海域地名普查为 1 个海岛，因岛体形似巨人的长臂，故名。岛体呈长条形，岸线长 4.02 千米，面积 0.078 8 平方千米。沙泥岛，物质组成松散，岛体动态变化较大。主要土壤类型为滨海新积土，生长有零星盐地碱蓬。

风云岛 (Fēngyún Dǎo)

北纬 39°23.5′，东经 119°17.0′。位于唐山市乐亭县滦河口西南海岸 550 米海域。《中国海洋岛屿简况》（1980）记载该岛区域有 1 个海岛，编号 0536。第二次全国海域地名普查为 1 个海岛，取"风云之志"之意，故名。岛体呈长条形，岸线长 5.03 千米，面积 0.192 5 平方千米。沙泥岛，物质组成松散，岛体动态变化较大。主要土壤类型为滨海新积土，生长有零星盐地碱蓬。

佛手岛 (Fóshǒu Dǎo)

北纬 39°21.9′，东经 119°15.3′。位于唐山市乐亭县第二节村南海岸 1.78 千米海域。第二次全国海域地名普查，因岛状似佛手，故名。岛体呈长条形，岸线长 12.95 千米，面积 0.532 6 平方千米。沙泥岛，物质组成松散，岛体动态变化较大。主要土壤类型为滨海新积土，地势较高处生长有芦苇、砂引草等植物。

蛇岗 (Shé Gǎng)

北纬 39°20.2′，东经 119°09.8′。位于唐山市乐亭县老浪窝村东南海岸 570 米海域。《河北省岛礁地名文字概况》（1985）记为蛇岗；《河北省海岛资源》（1995）记为蛇岗。第二次全国海域地名普查为 1 个海岛，因岛体狭长，形似长蛇，故名。岛体呈长条形，岸线长 5.34 千米，面积 0.230 6 平方千米。沙泥岛，物质组成松散，岛体动态变化较大。主要土壤类型为滨海新积土，生长有零星盐地碱蓬。

神奇岛 (Shénqí Dǎo)

北纬 39°19.6′，东经 119°09.2′。位于唐山市乐亭县老浪窝村西南海岸 780 米海域。《中国海洋岛屿简况》（1980）记载该岛区域有 1 个海岛，编号 0544。第二次全国海域地名普查时，取"是其所美者为神奇"（《庄子·知北游》）之意，故名。岛体呈长条形，岸线长 3.29 千米，面积 0.153 1 平方千米。沙泥岛，物质组成松散，岛体动态变化较大。主要土壤类型为滨海新积土，地势较高处生长有芦苇、盐地碱蓬等植物。

明月岛 (Míngyuè Dǎo)

北纬 39°17.0′，东经 119°06.9′。位于唐山市乐亭县杜家铺村东南海岸 1.23 千米海域。第二次全国海域地名普查，因岛体形似明月，故名。岛体呈长条形，岸线长 2.24 千米，面积 0.028 9 平方千米。沙泥岛，物质组成松散，岛体动态变化较大。主要土壤类型为滨海新积土，生长有零星盐地碱蓬。

吉祥岛 (Jíxiáng Dǎo)

北纬 39°16.2′，东经 119°06.1′。位于唐山市乐亭县杜家铺村东南海岸 1.65 千米海域。《中国海洋岛屿简况》（1980）记载该岛区域有 1 个海岛，编号 0547。第二次全国海域地名普查，取"吉祥如意"之意，故名。岛体呈长条形，岸线长 5.53 千米，面积 0.118 1 平方千米。沙泥岛，物质组成松散，岛体动态变化较大。主要土壤类型为滨海新积土，生长有零星盐地碱蓬。

永乐岛 (Yǒnglè Dǎo)

北纬 39°15.3′，东经 119°05.2′。位于唐山市乐亭县杜家铺村东南海岸 1.72 千米海域。《中国海洋岛屿简况》（1980）记载该岛区域有 1 个海岛，编号 0550。第二次全国海域地名普查，取"永享安乐"之意，故名。岛体呈长条形，岸线长 1.94 千米，面积 0.057 4 平方千米。沙泥岛，物质组成松散，岛体动态变化较大。主要土壤类型为滨海新积土，生长有零星盐地碱蓬。

祥云岛 (Xiángyún dǎo)

北纬 39°09.4′，东经 118°57.5′。位于唐山市乐亭县海域，距海港开发区西南海岸 150 米。《河北省岛礁地名文字概况》（1985）、《中国海域地名志》（1989）、《河北省海岛资源》（1995）和《全国海岛名称与代码》（2008）等均记为打网岗。2009 年后改称祥云岛，并广泛使用，第二次全国海域地名普查，取"海边一丸岛，祥云来幕之"（明代诗人郭玹）之意，故名。岛体呈长条形，岸线长 26.46 千米，面积 20.681 9 平方千米，最高点海拔 2.5 米。沙泥岛，主要土壤类型为滨海盐土、滨海新积土，局部生长有盐地碱蓬、砂引草、砂钻苔草、芦苇等植物。该岛开发利用始于 20 世纪 90 年代，2011 年获河北省第一个海岛使用权证，有常住人口 48 人。岛东部建有宾馆及娱乐设施等。

石河南岛 (Shíhé Nándǎo)

北纬 39°57.5′，东经 119°46.8′。位于石河入海口，距秦皇岛市山海关区田家庄村东南海岸 240 米海域。第二次全国海域地名普查，因该岛位于石河最南端，故名。岛体呈三角形，岸线长度 3.54 千米，面积 0.823 8 平方千米。沙泥岛，物质组成为中细砂和卵石，四周高中间低，地势低平。主要土壤类型为草甸土、滨海盐土、滨海新积土，生长有油松林、杨林、酸枣灌丛和杂类草草丛等植被。早期附近村民不定期上岛种植少量农作物，栽植油松、杨等树木。20 世纪 80 年代，附近村民在岛上挖池养虾，现已废弃。

附录一

《中国海域海岛地名志·河北分卷》未入志海域名录 ①

一、海湾

标准名称	汉语拼音	行政区	地理位置	
			北纬	东经
唐山湾	Tángshān Wān	河北省唐山市乐亭县	39°10.5′	118°51.3′

二、滩

标准名称	汉语拼音	行政区	地理位置	
			北纬	东经
祥云湾浴场	Xiángyúnwānyùchǎng	河北省唐山市乐亭县	39°10.5′	118°58.8′
唐山浅水湾浴场	Tángshān qiǎnshuǐwānyùchǎng	河北省唐山市乐亭县	39°09.1′	118°57.2′
金沙岛浴场	Jīnshādǎoyùchǎng	河北省唐山市乐亭县	39°07.3′	118°53.2′
月岛浴场	Yuèdǎoyùchǎng	河北省唐山市乐亭县	39°07.0′	118°51.6′
东山浴场	Dōngshānyùchǎng	河北省秦皇岛市海港区	39°54.9′	119°37.3′
西浴场	Xīyùchǎng	河北省秦皇岛市海港区	39°54.1′	119°33.1′
老龙头浴场	Lǎolóngtóuyùchǎng	河北省秦皇岛市山海关区	39°58.0′	119°47.6′
秦皇岛浅水湾浴场	Qínhuángdǎo qiǎnshuǐwānyùchǎng	河北省秦皇岛市北戴河区	39°51.3′	119°31.3′
老虎石浴场	Lǎohǔshíyùchǎng	河北省秦皇岛市北戴河区	39°48.7′	119°29.1′
天马浴场	Tiānmǎyùchǎng	河北省秦皇岛市抚宁县	39°47.5′	119°25.7′
南娱中心浴场	Nányúzhōngxīnyùchǎng	河北省秦皇岛市抚宁县	39°43.7′	119°21.0′

三、河口

标准名称	汉语拼音	行政区	地理位置	
			北纬	东经
溯河口	Sùhé Kǒu	河北省唐山市滦南县	39°11.1′	118°37.1′

---

① 根据2018年6月8日民政部、国家海洋局发布的《中国部分海域海岛标准名称》整理。

标准名称	汉语拼音	行政区	地理位置	
			北纬	东经
小清河口	Xiǎoqīnghé Kǒu	河北省唐山市滦南县	39°10.2′	118°41.2′
小青龙河口	Xiǎoqīnglónghé Kǒu	河北省唐山市滦南县	39°09.4′	118°31.8′
双龙河口	Shuānglónghé Kǒu	河北省唐山市滦南县	39°03.3′	118°21.3′
浪窝口	Làngwō Kǒu	河北省唐山市乐亭县	39°20.9′	119°08.6′
老米沟口	Lǎomǐgōu Kǒu	河北省唐山市乐亭县	39°18.2′	119°06.9′
长河口	Chánghé Kǒu	河北省唐山市乐亭县	39°16.8′	119°04.9′
湖林口	Húlín Kǒu	河北省唐山市乐亭县	39°15.6′	119°03.4′
湖林新河口	Húlínxīnhé Kǒu	河北省唐山市乐亭县	39°11.7′	118°58.7′
小河子河口	Xiǎohézihé Kǒu	河北省唐山市乐亭县	39°11.5′	118°56.6′
大清河口	Dàqīnghé Kǒu	河北省唐山市乐亭县	39°09.9′	118°51.6′
戴河口	Dàihé Kǒu	河北省秦皇岛市	39°48.1′	119°26.6′
小黄河口	Xiǎohuánghé Kǒu	河北省秦皇岛市	39°43.2′	119°20.7′
新开河口	Xīnkāihé Kǒu	河北省秦皇岛市海港区	39°55.2′	119°37.5′
新河口	Xīnhé Kǒu	河北省秦皇岛市北戴河区	39°50.4′	119°30.8′
东沙河口	Dōngshāhé Kǒu	河北省秦皇岛市昌黎县	39°41.2′	119°19.9′
大蒲河口	Dàpúhé Kǒu	河北省秦皇岛市昌黎县	39°40.6′	119°19.6′
新开口	Xīnkāi Kǒu	河北省秦皇岛市昌黎县	39°34.9′	119°16.8′
人造河口	Rénzàohé Kǒu	河北省秦皇岛市抚宁县	39°44.4′	119°21.5′
沧浪渠河口	Cānglàngqú Hékǒu	河北省沧州市黄骅市	38°37.0′	117°32.6′
捷地减河口	Jiédìjiǎnhé Kǒu	河北省沧州市黄骅市	38°34.9′	117°34.3′
老石碑河口	Lǎoshíbēihé Kǒu	河北省沧州市黄骅市	38°33.9′	117°35.0′
廖家洼排水渠河口	LiàojiāwāPáishuǐqú Hékǒu	河北省沧州市黄骅市	38°29.5′	117°37.5′
新石碑河口	Xīnshíbēihé Kǒu	河北省沧州市黄骅市	38°29.2′	117°37.7′
黄南排干河口	Huángnánpáigānhé Kǒu	河北省沧州市黄骅市	38°23.3′	117°41.8′

附录二

《中国海域海岛地名志·河北分卷》索引

天津分卷

上篇

海域地理实体
HAIYU DILI SHITI

第一章 海

渤海 (Bó Hǎi)

北纬 36°58.0′—40°59.0′，东经 118°42.0′—122°17.0′。北与辽宁省接壤，西与河北省、天津市相邻，南与山东省毗邻，仅东部以北起辽东半岛南端的老铁山西角和南至山东半岛北部的蓬莱头之间的渤海海峡与黄海相通。渤海是中华人民共和国的内海。

渤海之名，久矣。早在我国古籍《山海经·南山经》中就有记载："又东五百里，曰丹穴之山……丹水出焉，而南流注于渤海"，"又东五百里，曰发爽之山……汎水出焉，而南流注于渤海"。《山海经·海内东经》有"济水出共山南东丘，绝钜鹿泽，注渤海……潦水出卫皋东，东南注渤海，入潦阳。虖沱水出晋阳城南，而西至阳曲北，而东注渤海……漳水出山阳东，东注渤海"。《列子》一书中也有渤海名字的记载。汤又问："物有巨细乎？有修短乎？有同异乎？"革曰："渤海之东不知几亿万里，有大壑焉，实惟无底之谷，其下无底，名曰归墟。"在《战国策·齐策一》中有"苏秦为赵合从（纵），说齐宣王曰：'齐南有太（泰）山，东有琅琊，西有清河，北有渤海，此所谓四塞之国也。'"又说："即有军役，未尝倍太山，绝清河，涉渤海也。"《战国策·赵策二》："约曰：秦攻燕，则赵守常山……齐涉渤海，韩、魏出锐师以佐之。秦攻赵，则韩军宜阳……齐涉渤海，燕出锐师以佐之。"到了秦、汉有关渤海的记载就多了。司马迁在《史记·秦始皇本纪》中有"二十八年……于是乃并渤海以东，过黄、腄、穷成山，登之罘，立石颂秦德焉而去"。在《史记·高祖本记》中有"夫齐，东有琅琊、即墨之饶，南有泰山之固，西有浊河之限，北有渤海之利"。汉高祖五年（公元前202年）置渤海郡，因其在渤海之滨，固以为名。班固在《前汉书·武帝纪》中也有"（元光）三年春，河水徙，从顿丘东南流入渤海"的记载。北魏郦道元在《水经注》

中说："河水出其东北陬，屈从其东南流，入于渤海。"

渤海又称渤澥。汉文学家司马相如在其《子虚赋》中有"且齐东陼钜海，南有琅琊，观乎成山，射乎之罘，浮渤澥，游孟诸"之句。到了唐代，徐坚等在《初学记》：中说"东海之别有渤澥，故东海共称渤海，又通谓之沧海。"

渤海又称为北海。《山海经·海内经》云："东海之内，北海之隅，有国名曰朝鲜……其人水居，偎人爱之。"《左传·僖公四年》有"四年春，齐侯……伐楚。楚子使与师言曰：'君处北海，寡人处南海，唯是风马牛不相及也'。"这里所说的北海即包括了渤海和部分黄海。汉景帝前元二年（公元前155年）分齐郡设北海郡，东汉建武十三年（公元37年）改北海郡为北海国，其名即因北海而名之。

渤海又称辽海。《旧唐书·地理志》有"高宗时，平高丽、百济，辽海以东，皆为州"之记载。杜甫在《后出塞五首之四》中有："云帆转辽海，粳稻来东吴。"杨伦注云："辽东南临渤海，故曰辽海。"明代也将该海域称辽海。《明史·卷四〇·志第十六·地理》云："正统六年十一月，罢称行在，定为京师府……北至宣府，东至辽海，南至东明，西阜平。"清代仍有将渤海称辽海的记载，如《松江府志》中就有"自东大洋北，历山东，通辽海"的记载。

渤海海岸线长达2 278千米，面积7.7万平方千米。平均水深18米，最大水深86米，位于渤海海峡北部老铁山水道南支。渤海按其基本特征分为辽东湾、渤海湾、莱州湾、中央海区和渤海海峡五部分。辽东湾位于辽东半岛南端老铁山西角与河北省大清河口连线以北；渤海湾位于河北省大清河口与山东省黄河刁口河流路入海口连线以西；莱州湾位于黄河刁口河流路入海口至龙口市屺姆岛高角连线以南；渤海海峡位于老铁山西角至蓬莱头之间的狭长海域，渤海海峡被庙岛群岛分割成若干水道；中央海区则为上述4个海域之外的渤海的中央部分。

渤海是一个近封闭的大陆架浅海。渤海几乎被陆地所包围。在地质地貌上，渤海是一个中、新生代沉降盆地。这个陆缘浅海由于受到东北向构造的控制，整个海域呈东北至西南纵长的不规则四边形，其西北一侧与燕山山地的东端及华北平原相连，东南侧紧邻山东半岛与辽东半岛。第四纪期间，渤海盆地的海水几度进退，到全新世时海平面大幅度上升才形成今天的浅海。注入渤海的河流有黄河、海河、滦河、辽河等，河流含沙量高，每年输送大量泥沙入海，使渤海逐渐淤浅、缩小。渤海沿岸较大海湾除辽东湾、渤海湾和莱州湾外，还有辽宁省的金州湾、普兰店湾、复州湾、锦州湾和连山湾，河北省的七里海和山东省的龙口湾等。海岛主要分布在辽东湾沿岸、渤海海峡南部，较大的海岛有长兴岛、北长山岛和南长山岛等。

渤海地处暖温带，初级生产力高，水质肥沃，有利于海洋生物的繁衍、生息。渤海共有生物资源 600 余种，其中鱼类生物近 300 种。渤海中的辽东湾、滦河口、渤海湾和莱州湾是我国重要的渔场；但多年来因过度捕捞和海洋污染等原因，渤海天然渔业产量和质量均有所下降，国家近年来大力开展伏季休渔、增殖放流等措施，实施渤海渔业资源保护与恢复。渤海盆地已经探明的油气可采资源量超过 50 亿吨，是目前我国最大的海上产油气盆地，秦皇岛 32-6、南堡 35-2、曹妃甸 11-1/11-2、锦州 93、金县 1-1、旅大 37-2、渤中 25-1、蓬莱 25-6/19-3 等均为亿吨和近亿吨级大油田。渤海沿岸港口资源众多，天津港是我国北方最大的综合性港口，2012 年完成货物吞吐量近 5 亿吨，营口港、秦皇岛港、唐山港等货物吞吐量也超过了 2 亿吨，均进入了全球货物吞吐量前 20 大港口名单。渤海沿岸海盐生产历史悠久，是我国重要的海盐生产、盐化工、制碱等基地，长芦盐场是我国最大的海盐产地；莱州湾南岸的地下卤水资源是我国该类资源储量最丰富的区域之一，利用卤水生产的氯化钾、氯化镁、溴素、无水芒硝等在全国盐业系统中占有突出地位。渤海旅游资源类型多样，如山海关、北戴河、蓬莱阁等是著名的滨海旅游区；其他如风能、海洋能等具有较好的开发前景。近年来，环渤海的辽宁沿海经济带、河北沿海经济带、曹妃甸新区、天津滨海新区、黄河三角洲高效生态经济区、山东半岛蓝色经济区等发展战略相继获得国家批复实施，海洋经济持续快速发展，2012 年，环渤海地区海洋生产总值 18 078 亿元，占全国海洋生产总值的比重为 36.1%。

第二章 海 湾

渤海湾 (Bóhǎi Wān)

北纬 38°35.6′，东经 118°12.6′。位于渤海西部，渤海三大海湾之一。北起河北省乐亭县大清河口，南到山东省 1976 年前的老黄河口连线以西海域，三面环陆，与河北、天津、山东的陆岸相邻，跨唐山市、天津市、沧州市、滨州市和东营市。因其靠清代直隶省，故民国十七年（1928 年）之前该湾称为"直隶海湾"，随着直隶省在民国十七年改称河北省后，1929 年将"直隶海湾"改称"渤海湾"。面积 1.17 万平方千米，岸线长 618 千米，最大水深 39 米。

有蓟运河、海河、子牙新河等河流流入。湾内有丰富的石油资源；有唐山港、天津港、黄骅港等重要港口。

汉沽湾 (Hàngū Wān)

北纬 39°10.9′，东经 117°56.0′。因临近原天津市汉沽区（现为滨海新区）而得名。海湾湾口宽 13.08 千米，岸线长度 26.17 千米，面积约 69.56 平方千米，最大水深约 5 米。

第三章 河 口

永定新河口 (Yǒngdìngxīnhé Kǒu)

北纬 39°05.6′，东经 117°43.5′。因是永定新河的入海口，故名。永定新河为永定河下游 1971 年新开河道，为永定河、蓟运河、潮白河的入海口。河流全长约 143.8 千米，河口宽约 490 米。永定新河属潮汐河，是天津市唯一没有防潮闸控制的水量较大的入海河道，由于海水带入大量泥沙，河口水道淤积严重，可航行木制对头艒和渔船。河口附近建有永定新河铁路桥、北塘公路大桥和北塘渔港。

海河口 (Hǎihé Kǒu)

北纬 38°58.6′，东经 117°42.6′。位于滨海新区东部，因为海河入海口而名之。海河口在历史时期，因入海口位置的不同而有不同名称。北宋时，海河在泥沽、军粮城入海，故称"泥沽口"。到明嘉靖年间海河在大沽入海，故将河口称为"大沽口"。中华人民共和国成立后，称"海河口"。1985 年 10 月又将其定名为"大沽口"，地名标准化文件颁布后，将其恢复为"海河口"。

海河是华北最大水系，原由蓟运河、潮白河、永定河、北运河、大清河、子牙河和南运河汇流而成。1971 年开永定新河，引永定河、潮白河、蓟运河由永定新河入海，其余水系仍由海河入海。海河主流河长约 1 036 千米，流域面积约 21 万平方千米。海河则为永定河与南运河汇合后至入海口的河段，河长 73 千米，1960—1979 年年均径流量为 21.1 亿立方米，年均输沙量 11.8 万吨，1980 年之后海河几乎无沙入海。海河建闸和新永定河道开掘之后，防止了海水倒灌，消除了潮汐的影响，控制了水患，但闸下淤积严重，大大减少了泄洪能力。

东汉以前，海河的五大支流（大清河等入黄河）未形成统一河道，公元 11 年黄河南迁，东汉末年开凿白沟渠、平虏渠、泉州渠，并进行沽河改道，海河体系初步形成。东汉至晋凿新河，导清、淇入白沟等五项工程，各水连接，海河水系向外扩展。由于水系形成之初,各水之间联系不稳定,至北魏郦道元作《水经注》时,海河解体。隋炀帝大业四年(608 年)"诏发河北诸郡男女百余万,开永济渠,引沁水达于河,北通涿郡",是南北河水在天津汇合东流于军粮城附近,至此海河水系得以恢复。宋庆历八年至宋绍熙五年(1048—1194 年),黄河夺海河由泥沽口军粮城对岸入海,河口以每年 300 米的速度向海推进,至 1194 年河口达塘沽,大约在距今 500～600 年前,河口达大沽一带。1958 年海河口建闸防潮。为了根治海河洪水灾害,1971 年开永定新河,引永定河、潮白河、蓟运河从永定新河入海。现海河口口门宽约 894 米。为我国北方重要口岸及京津海上门户、海防要塞,明、清以来均于此驻兵设防。因该地战略位置重要,历史上外国列强五次在此登陆,进犯津京。现大沽口两侧仍留有当年的大沽炮台,其中南岸的"海"字炮台列为全国重点保护文物。

大沽河口 (Dàgūhé Kǒu)

北纬 38°57.5′,东经 117°42.5′。因河流经大沽南侧入海,故名。河流长度约 68 千米。大沽排污河位于海河南部,为 1958 年海河改造工程的重要组成部分,主要担负排除海河西南地区的城市污水,是天津市人工开挖的排水二级河道。河口口门宽度约 127 米。

独流减河口 (Dúliújiǎnhé Kǒu)

北纬 38°46.2′,东经 117°34.4′。位于滨海新区(原塘沽区)南端,北距塘沽 26 千米。独流减河在此入海,故名。系 1963 年抗洪排涝开挖的人工河道。河流长度约 67 千米,口门宽度约 1.58 千米。河口形似喇叭。细泥质底。潮汐属不规则半日潮,最大潮差 4 米。为天津市南部水系主要泄洪河口。

子牙新河口 (Zǐyáxīnhé Kǒu)

北纬 38°39.5′,东经 117°33.3′。位于滨海新区马棚口村南,系子牙新河和青静黄排水渠汇合入海口。河流长度 143.4 千米,流域面积约 5 200 平方千米,年径流量约 30 900 万立方米,年均输沙量 38.6 万吨。为 1972 年建成的人工河口,口门宽度约 203 米。1967 年修建挡潮闸,建闸后闸下淤积严重。

北排河口 (Běipáihé Kǒu)

北纬 38°37.1′，东经 117°32.5′。位于天津市东南部与河北省沧州市交界处，天津滨海新区（原大港区）新马棚口（村）南侧。系北排河入海口。河流全长 161.5 千米，流域面积 1 328 平方千米。河口宽约 160 米。1966 年河口段建成挡潮桥闸，桥面宽 4 米，负荷 13 吨。1979 年又于其东侧另建一挡潮闸。

下篇

海岛地理实体
HAIDAO DILI SHITI

三河岛 (Sānhé Dǎo)

北纬 39°06.7′，东经 117°43.3′。位于滨海新区海域，距大陆最近点 150 米。因地处蓟运河、永定新河、潮白新河三河交汇处，故名。曾名炮台岛、北塘小岛。《中国海域地名志》（1989）中记载，岛身原与陆地相连，1972 年河道裁直时成岛，当地习称北塘小岛。《天津市海岛资源综合调查报告》（1991）中记"原名炮台岛"，《天津市三河岛的形成演变及其开发利用》（1993）一文中称，三河岛人们常称为"炮台岛"，1983 年 12 月，天津市地名委员会正式将其命名为"三河岛"。沙泥岛。岸线长度 676 米，面积 0.03 平方千米，最高点高程 6.6 米。

该岛是北塘炮台中的北营炮台原址所在地，与大沽炮台齐名，是明清时期的海防要塞。岛上保留了古炮台遗址，古炮台残墙及碉堡遗址。岛东侧建有游船码头。岛的东部建有眺望台，西侧有观景廊，岛北半部有一片天然生态湿地，建有"三河岛遗址生态公园"，建造了喂鸟木平台供游人观鸟。岛上有太阳能和风能发电设施、道路、路灯、给水系统等公共设施。岛上淡水通过约 400 米的深水井获得，主要用于灌溉植被。岛上电力一部分来自太阳能和风能发电，主要用于路灯；一部分来自发电机，主要用于抽取地下水。

附录一

《中国海域海岛地名志·天津分卷》未入志海域名录 [①]

一、河口

标准名称	汉语拼音	行政区	地理位置	
			北纬	东经
青静黄河河口	QīngjìnghuánghéHékǒu	天津市滨海新区	38°39.6′	117°33.3′

---

① 根据2018年6月8日民政部、国家海洋局发布的《中国部分海域海岛标准名称》整理。

附录二

《中国海域海岛地名志·天津分卷》索引

江苏分卷

上篇

海域地理实体
HAIYU DILI SHITI

第一章 海

黄海 (Huáng Hǎi)

　　北纬 31°40.0′—39°54.1′，东经 119°10.9′—126°50.0′。黄海东南以长江口北岸的长江口北角和韩国的济州岛连线与东海相邻，东北靠朝鲜半岛，北依辽东半岛，西北经渤海海峡与渤海相通，西邻山东半岛和江苏海岸。

　　在古代，黄海被称为东海，《山海经·海内经》有"东海之内，北海之隅，有国名曰朝鲜"。《左传·襄公二十九年》中有"吴公子札来聘……曰：'美哉！泱泱乎！大风也哉！表东海者，其大公乎！国未可量也'"。《孟子·离娄上》有"太公避纣，居东海之滨"。《越绝书·越绝外传·记地传第十》有"句（勾）践徙治山北，引属东海，内、外越别封削焉。句（勾）践伐吴，霸关东，徙琅琊，起观台，台周七里，以望东海"。《荀子·正论》说："浅不足与测深，愚不足与谋知，坎井之蛙不可与语东海之乐。"《史记·秦始皇本纪》中有"六合之内，皇帝之土。西涉流沙，南尽北户。东有东海，北过大夏"的记载。西汉时辑录的《礼记·王制》篇中也有"自东河至东海，千里而遥"的记载。唐时徐坚等人在《初学记》中说："东海之别有渤澥，故东海共称渤海。"上述所说的东海，均为现今的黄海。正因如此，秦、汉均在今苏北和山东南部沿海地区设东海郡。直至宋朝前期仍将该海域称为东海。到了宋真宗"天禧三年六月，乙未夜，滑州河溢……漫溢州城，历澶、濮、曹、郓，注梁山泊，又合清水、古代汴梁，东入于淮。州邑罹患者三十二"。这次黄河夺淮入海，前后达 8 年之久，直至宋天圣五年（1027 年）才河归故道，完全北入渤海。在黄河夺淮入海期间，大量泥沙输入苏北海域，再加上长江、淮河等河流入海泥沙，使该海域沙多水浅、海水浑黄，故到北宋时称该海域为黄水洋。黄水洋之名最早出现在宋朝徐兢的《宣和奉使高丽图经》中，他在该书中说：（五月）二十九日，是夜"复作南风"，乃"入白水洋。次日过黄水洋，继而离岸东驶，横渡黑水洋"。

徐兢还对黄水洋之名做了解释，他说："黄水洋，即沙尾也。其水浑浊且浅，舟人云：'其沙自西南来，横于洋中千余里，即黄河入海之处'。"黄河在1128—1855 年长达 727 年间，再次夺淮在苏北入海，黄河入海的大量泥沙倾泻苏北海域，使苏北近海海水浑黄，浅滩丛生。清代，以长江口为界，将我国东部海域分别称为南洋和北洋。清末，黄海之名得以确定。而其精确位置最早出现在英国人金约翰所辑的《海道图说》中，该书说："扬子江口与山东角间大湾为黄海西界，朝鲜为黄海东界""自扬子江口至朝鲜南角成直线为黄海与东海之界"。英国海图官局 1894 年在《中国海指南》（China Sea Directory）中将黄海记为 Hwanghai，系黄海原名之音译，所记名称含义与黄水洋一致：因旧黄河流入，水色黄浊得名。

在先秦时期，也有人将黄海称为南海，如《左传·僖公四年》中有"四年春，齐侯以诸侯之师侵蔡。蔡溃，遂伐楚。楚子使与师言曰：'君处北海，寡人处南海，唯是风马牛不相及也'"，此中的南海即是。

黄海总面积 38 万平方千米，平均水深 44 米，最大水深 140 米，位于济州岛北侧。黄海分为北黄海和南黄海。北黄海面积 7.1 万平方千米，平均水深 38 米，最大水深 80 米；南黄海面积约 30.9 平方千米，平均水深 46 米，最大水深 140 米。注入黄海的主要河流有鸭绿江、大同江、汉江、淮河等，属黄海的海湾有胶州湾、大连湾等。北黄海分布有我国最北端的群岛——长山群岛。

黄海海洋游泳动物中鱼类占主要地位，共约 300 种。主要经济鱼类有小黄鱼、带鱼、鲐鱼、鲅鱼、黄姑鱼、鳓鱼、太平洋鲱鱼、鲳鱼、鳕鱼等；最主要的浮游生物资源是中国毛虾、太平洋磷虾和海蜇等；底栖动物资源十分丰富，可供食用的种类中，最重要的是软体动物和甲壳类。经济贝类资源主要有牡蛎、贻贝、蚶、蛤、扇贝和鲍等；棘皮动物刺参的产量也较大；底栖植物资源主要是海带、紫菜和石花菜等。烟威、石岛、海州湾、连青石、吕四和大沙等是良好的渔场。南黄海盆地有巨厚的中、新生代沉积，具有很好的油气资源远景。其他矿产资源主要有滨海砂矿，现已进行开采。山东半岛近岸区还发现有丰富的金刚石矿床。黄海沿岸港口密度大，2012 年，大连港、烟台港、青岛港、日照港货物吞吐量均超过了 2 亿吨，都进入了全球货物吞吐量前二十大港口名单。黄海旅游资源丰富，大连老虎滩海洋公园—老虎滩极地馆、大连金石滩景区、威海刘公岛景区和青岛崂山景区是 5A 级景区。江苏浅海正在开发风能。近年来，辽宁沿海经济带、山东半岛蓝色经济区和江苏沿海经济带等发展战略相继获得国家批复实施，环黄海海洋经济发展迅速。黄海近岸的污染、湿地退化、渔业资源下降等问题日益突出，自 2008 年以来，每年在南黄海均发生绿潮（浒苔）灾害。

东海 (Dōng Hǎi)

北纬 21°54.0′—33°11.1′，东经 117°08.9′—131°00.0′。位于我国大陆、台湾岛、琉球群岛和九州岛之间。西北部以长江口北岸的长江口北角到韩国济州岛连线为界，与黄海相邻；东北以济州岛经五岛列岛到长崎半岛南端一线为界，并经对马海峡与日本海相通；东隔九州岛、琉球群岛和台湾岛，与太平洋相接；南以广东省南澳岛与台湾省南端鹅銮鼻一线为界，与南海相接。

在我国古代文献中，早已有东海之名的记载，如《山海经·海内经》中有"东海之内，北海之隅，有国名曰朝鲜"；《左传·襄公二十九年》中有"吴公子札来聘……曰：'美哉！泱泱乎，大风也哉！表东海者，其大公乎'"；战国时成书、西汉时辑录的《礼记·王制》中有"自东河至于东海，千里而遥"；《战国策·卷十四·楚策一》中楚王说"楚国僻陋，托东海之上"；《越绝书·越绝外传·记地传第十》有"勾践徙治北山，引属东海，内、外越别封削焉。勾践伐吴，霸关东，徙琅琊，起观台，台周七里，以望东海"；《史记·秦始皇本纪》中有"六合之内，皇帝之土。西涉流沙，南尽北户。东有东海，北过大夏"；唐人徐坚等著的《初学记》中有"东海之别有渤澥"等。上述诸多记载均是将现今的黄海称为东海。

有关现今东海的记载，在我国古籍中也屡有所见。《山海经·大荒东经》中有关于东海的记载，如"东海中有流波山，入海七千里"，"东海之外大壑，少昊之国"，"东海之渚中，有神"等。庄子在《外物》中说"任公子为大钩巨缁，五十犗以为饵，蹲于会稽，投竿东海"。《国语·卷二十一·越语》中的越自建国即"滨于东海之陂"。晋张华在《博物志·卷一·山》中说"按北太行山而北去，不知山所限极处。亦如东海不知所穷尽也"。《博物志·卷一·水》又说："东海广漫，未闻有渡者"。

东海和黄海的明确划界是清代晚期之事，即英国人金约翰所辑《海道图说》给出的"自扬子江口至朝鲜南角成直线为黄海与东海之界"。

在某些古籍中又将东海简称为海，或称南海。如《山海经·海内南经》说："瓯居海中。闽在海中，其西北有山。一曰闽中山在海中"。晋代张华在《博物志·卷一·地理略》中说："东越通海，地处南北尾闾之间"。这里所说的海即今日的东海。

将东海称为南海的，最早见于《诗经·大雅·江汉》一诗中："于疆于理，至于南海"。其后的《左传·僖公四年》中有"四年春，齐侯……伐楚，楚子使与师言曰：'君处北海，寡人处南海，唯是风马牛不相及也'"。这里的南海即指现今的部分黄海和部分东海。《史记·秦始皇本纪》中有"三十七年十月癸丑，始皇出游……上会稽，祭大禹，望于南海，而立石刻颂秦德。"晋张华在《博物志·卷一·地理略》中有"东越通海，地处南北尾闾之间。三江流入南海，通东冶（今福州），山高水深，险绝之国也"。《博物志·卷二·外国》又说"夏德盛，二龙降庭。禹使范成光御之，行域外。既周而还至南海"。张华在这里所说的南海，即为今之东海。

东海总体呈东北—西南向展布，北宽南窄，东北—西南向长约 1 300 千米，东西向宽约 740 千米，总面积约 79.48 万平方千米，平均水深 370 米，最大水深 2 719 米。注入东海的主要河流有长江、钱塘江、瓯江、闽江和九龙江等。沿岸大的海湾有杭州湾、象山港、三门湾、温州湾、兴化湾、泉州湾和厦门港等。东海是我国分布海岛最多的海区，分布有马鞍列岛、崎岖列岛、嵊泗列岛、中街山列岛、韭山列岛、渔山列岛、台州列岛、东矶列岛、北麂列岛、南麂列岛、福瑶列岛、四礵列岛、马祖列岛、菜屿列岛、澎湖列岛等列岛。

东海发现鱼类 700 多种，加上虾蟹和头足类，渔业资源可达 800 多种，其中经济价值较大、具有捕捞价值的鱼类有 40～50 种。舟山渔场是我国最大的近海渔场之一。东海陆架坳陷带内成油地层发育，至 2008 年我国在东海已经探明石油天然气储量 7 500 万桶油当量。石油与天然气在陆架南部的台湾海峡已开采多年，春晓油气田和平湖油气田也已投产。东海海底其他矿产资源也十分丰富，近年发现有海底热液矿藏，海滨砂矿主要有磁铁矿、钛铁矿、锆石、独居石、金红石、磷钇矿、砂金和石英砂，有大型矿床 9 处、中型矿 16 处、小型矿 41 处、矿点 5 个；煤炭资源分在陆架的南部，在台湾已有大规模开采。东海沿岸有优良港址资源，主要港口包括上海港、宁波舟山港、温州港、福州港、厦门港等，其中，宁波舟山港、上海港 2012 年货物吞吐量分别位居世界第一、二位。东海旅游资源类型多样，海上渔文化与佛教文化尤其令人称道，舟山普陀山风景区、厦门鼓浪屿风景区是全国著名的 5A 级旅游区。海上风能、海洋能资源优越，我国第一个大型海上风电项目——上海东海大桥 10 万千瓦海上风电场示范工程已于 2010 年 7 月并网发电。近年来，长三角经济区、舟山群岛新区、海峡西岸经济区、福建平潭综合实验区等发展战略相继获得国家批复实施，海洋经济快速发展。2012 年，长江三角洲地区海洋生产总值 15 440 亿元，占全国海洋生产总值的比重为 30.8%。

第二章 海 湾

海州湾 (Hǎizhōu Wān)

北纬 34°54.4′，东经 119°18.9′。位于山东省与江苏省交界处，跨日照市和连云港市。因清代以前海湾沿岸为海州辖地而得名。海州湾是个年轻的海湾，在清康熙五十年（1711 年）以前还未成海湾，当时的云台山仍是海中孤岛，古称郁洲。南宋建炎二年（1128 年），黄河南徙，夺淮入海起，把大量的泥沙倾泻在云台山以南的黄海之中，苏北海岸不断向海淤进。到 1591 年黄河口伸至十套，13 年间推进 20 千米，平均每年淤涨 1 540 米。1700 年河口扩展至八滩以东，109 年间推进 13 千米，平均每年 119 米。由于黄河泥沙不断向三角洲两侧推进，云台山以西的海峡不断被淤塞变窄，终在 1711 年，云台海峡两侧滩地相接，云台山和大陆相连，海州湾形成。据《中国海湾志》第四分册载：湾口宽 42 千米，岸线长 86.81 千米，海湾面积 876.39 平方千米。根据 2008 年海岸线量测，湾口宽约 40 千米，岸线长约 121 千米，海湾面积 696 平方千米，最大水深 12.5 米。

海州湾为正规半日潮海域，平均潮差 3.39 米，实测最大涨潮流速 1.07 米 / 秒，实测最大落潮流速 0.65 米 / 秒。海底沉积物，北部以粗砂为主，南部以粉砂质砂为主。湾口两端为低山丘陵，以花岗片麻岩为主。沿岸为海湾低平原。有绣针河、龙王河、兴庄河、青口河、临洪河等河流入海。湾内近岸有秦山岛、连岛、竹岛、鸽岛等岛礁，湾口外有平岛、达山岛、车牛山岛等岛礁。海湾沿岸有连云港、日照港和岚山港等重要港口。

第三章　水　道

西洋水道 (Xīyáng Shuǐdào)

北纬 33°20.0′，东经 120°50.2′。西距盐城市大丰区约 37 千米。因位于东沙西侧得名。1964 年 10 月版《吕四渔场图》标注此处为平涂洋的一部分，1984 年根据渔民反映正式定名。

西南为大丰区海岸，东侧由北至南为亮月沙、三丫子、东沙。东南为条子泥，东经豆腐渣腰子水道进入江家坞东洋水道。南接条子泥之东大港、西大港等水道。呈喇叭形，向北偏西开口，中有小阴沙、瓢儿沙，南北排列，为水下浅滩。长约 77 千米，最窄处宽约 1 千米，水深 5～15 米，平均大潮流速约 1.5 米 / 秒。

小夹槽 (Xiǎojiá Cáo)

北纬 33°19.8′，东经 121°07.0′。位于盐城市大丰区海域。长 7.15 千米，最窄处宽 1.35 千米，最大水深 12.8 米。

小北槽 (Xiǎoběi Cáo)

北纬 33°18.4′，东经 121°14.7′。位于盐城市大丰区海域。长约 16 千米，最窄处宽约 5 千米，最大水深 12.8 米。

大北槽 (Dàběi Cáo)

北纬 33°21.5′，东经 121°19.2′。位于盐城市大丰区海域。长约 28 千米，最窄处宽 2.58 千米，最大水深 13.6 米。

太平港 (Tàipíng Gǎng)

北纬 33°12.3′，东经 121°16.3′。位于盐城市大丰区海域。长约 21 千米，最窄处宽约 2 千米，最大水深 30 米。

江家坞东洋 (Jiāngjiāwù Dōngyáng)

北纬 32°57.9′，东经 121°18.1′。位于盐城市东台市海域。长约 16 千米，最窄处宽约 3 千米，最大水深 17.6 米。

小洋港水道 (Xiǎoyánggǎng Shuǐdào)

北纬 32°36.1′，东经 121°09.6′。位于南通市如东县城北约 30 千米处。其西海岸河口原名小洋口，此处为小洋口外的水道，故名小洋港。

大致东西走向，呈喇叭形，向东开口，北为烂沙、八仙角，南为如东县海岸，西纳川港、小洋港等河口的水流。长 14.86 千米，最窄处宽 2.63 千米，最大水深 30 米。属正规半日潮，为沿海潮差最大区，平均潮差 3.9 米以上，实测最大潮差 9.28 米。涨潮流速约 1.5 米 / 秒，落潮流速约 1.3 米 / 秒。是东台、海安、如东等市县渔船作业的重要航道。

三沙洪 (Sānshā Hóng)

北纬 32°13.5′，东经 121°41.5′。隶属于南通市，连通到网仓洪。长 11.23 千米，最窄处宽 2.57 千米，最大水深 15.8 米。

网仓洪 (Wǎngcāng Hóng)

北纬 32°07.3′，东经 121°55.0′。隶属于南通市启东市。长 24.41 千米，最窄处宽约 13 千米，最大水深 14 米。

大弯洪 (Dàwān Hóng)

北纬 32°01.8′，东经 121°52.4′。隶属于南通市启东市。长 20.62 千米，最窄处宽约 11 千米，最大水深 11.2 米。

北支水道 (Běizhī Shuǐdào)

北纬 31°51.0′，东经 121°21.4′。位于长江口北岸与崇明岛之间，介于江苏省与上海市之间，全称长江口北支水道，或简称北支、北泓道。因上段邻江苏海门市，故又称海门水道。

西起海门青龙港，东至启东连兴港，最窄青龙港断面宽度 1.8 千米，长约 78.8 千米，最大水深 7 米，沙泥底。18 世纪前为长江入海主水道，19 世纪起主泓南移，北支淤浅。

南支水道 (Nánzhī Shuǐdào)

北纬 31°42.1′，东经 121°11.9′。位于崇明岛与长江口南岸之间。全称长江口南支水道。长江口被崇明岛隔开分汊的南侧水道。18 世纪中叶以后长江主泓道南移，自江苏省太仓市徐六泾以下至出海口统称南支水道。

西起江苏徐六泾，东至吴淞口，长约 70 千米。七丫口处宽约 9 千米，向东逐渐放宽。至吴淞口宽达 17 千米。19 世纪后长江主泓道经南支入海，自徐六泾至口门统称南支。19 世纪初下游被分汊为南、北港水道，遂以吴淞口为南支下端。沙泥底。属非正规半日潮，平均潮差 2.39 米，最大潮差 4.66 米（高桥站），向上游逐渐减小。落潮流速 1.32 米／秒，涨潮流速 0.88～1.05 米／秒。涨潮量与落潮量分别占长江口总潮量的 81% 和 90%。白茆沙南水道与宝山水道为南支主要航道，水深在 10 米以上，沙体过境影响航道时，最浅水深仍达 6～7 米，是上海港和东海船只进入长江的主要航道。近百年来，南支河段处于剧烈变化过程，沙洲遍布，较著名的有白茆沙、上扁担沙、下扁担沙、新浏河沙、浏河沙等。

白茆沙水道 (Báimáoshā Shuǐdào)

北纬 31°42.1′，东经 121°11.9′。上起徐六泾，下至七丫口，全长 33 千米。长江河口段徐六泾以下，崇明岛将长江分为南、北两支，白茆沙水道位于南支进口，水道进口段为徐六泾节点段，是长江最后一个束窄段，江宽约 5.7 千米，河道南、北两岸分别为白茆小沙及新通海沙，两沙均为水下暗沙。徐六泾节点段主流多年贴南岸，过白茆小沙后北偏进入白茆沙汊道段，在白茆沙头分为两股水流分别进入白茆沙南、北水道。徐六泾节点以下江面逐渐展宽，至崇明岛洲头处河宽达到最大约 10 千米，出口段七丫口河宽约 9 千米。江中暗沙发育且多变，其中较大的江心暗沙为白茆沙，将水道分为白茆沙南、北水道。白茆沙沙体滩面受由北向南的漫滩流冲刷，分布有多条串沟，其形态不稳定，主要表现为沙体的形成、发展、冲蚀、再形成的周期性变化，导致主航道在南、北水道以及新南槽之间交替摆动。

历史上，白茆沙水道江心暗沙冲淤变化剧烈，河势极不稳定，主航道平面位置变化频繁，航道条件十分恶劣。20 世纪 90 年代中期，白茆沙水道河道条件演变到相对有利时期，白茆沙体高大完整，航道条件好转。1996 年后，主航道一直稳定在南水道。目前，白茆沙南水道为海轮航道，白茆沙北水道为江轮航道。

白茆沙北水道 (Báimáoshāběishuǐdào)

北纬 31°43.5′，东经 121°12.7′。位于长江口南岸与崇明岛之间，位于江苏省与上海市之间，白茆沙水道过白茆小沙后北偏进入白茆沙汊道段，在白茆沙头分为两股水流分别进入白茆沙南、北水道。因该水道位于北侧，而称为白茆沙北水道，是江轮航道。

白茆沙南水道 (Báimáoshānánshuǐdào)

北纬 31°41.0′，东经 121°11.1′。白茆沙水道过白茆小沙后北偏进入白茆沙汊道段，在白茆沙头分为两股水流分别进入白茆沙南、北水道。因该水道位于南侧，而称为白茆沙南水道。水道长 24 千米，最窄宽度 2.3 千米，最大水深 46 米，是海轮航道。

宝山水道 (Bǎoshān Shuǐdào)

北纬 31°28.1′，东经 121°26.5′。位于长江南岸与崇明岛之间，因靠近上海市宝山区而得名。水道长 33 千米，最窄宽度 3.2 千米，最大水深 20 米。东西走向，西接白茆沙水道，东接南港水道。

第四章　岬　角

长江口北角 (Chángjiāngkǒuběijiǎo)

北纬 31°42.0′，东经 121°53.7′。隶属于南通市启东市。因位于长江口北，故名。又名启东嘴、圆陀角、了角嘴、料角嘴、蓼角嘴等。

此岬角随长江口摆动延伸而改变位置。原在启东县吕四镇东南，明胡宗宪《海防新论》有记载。清代以来，由于长江主水流改由崇明岛以南入海，北岸岬角日渐涨出，向东南位移，约在光绪年间，岬角位置与今大致相当，趋于稳定。此岬角与朝鲜济州岛之间的连线为东海与黄海的分界线。现已开发为圆陀角自然风景旅游区，相继建成了长江入海纪念碑、大禹石雕巨像、寅阳楼、人造湖、天然浴场等。

第五章 河　口

绣针河口 (Xiùzhēnhé Kǒu)

北纬 35°05.3′，东经 119°18.0′。地处海州湾北岸，距日照市岚山头 33 千米，是山东与江苏两省的界河——绣针河注入黄海的入海口。因是绣针河入海口而得名。又因位于荻水村，称荻水口，荻水村在明朝洪武年间建村，因村周多水塘，遍生荻草，故名。荻水口在清代晚期刊印的《七省沿海全图》中已标注。河口宽约 1 千米，河流长 48 千米，流域面积 370 平方千米。传秦始皇命卢生求仙药，卢生出逃，从该河口出海奔秦山岛。河口北岸是日照市岚山区城区，南岸是连云港市赣榆区柘汪工业区。

灌河口 (Guànhé Kǒu)

北纬 34°28.2′，东经 119°47.2′。隶属于连云港市灌云县，西南距响水县城约 35 千米。指陈港镇至入海口的灌河河段，因灌河入海口而得名。明清时已有记载。

灌河干流西起连云港市灌南县的东三汊，流经响水县的响水镇、双港镇、陈家港，在灌云县的燕尾港镇入海，干流长 74.5 千米，流域面积 640 平方千米。灌河自东三汊向上分三条支流，即武障河、龙沟河和义泽河，流域总面积 6 200 平方千米，多年平均径流量 15 亿立方千米，年净输沙量 70 万吨。

灌河属平原地区湖源型潮汐河流，是苏北唯一没有在口门建闸的河流，其干流全程均处于潮汐作用之下，属河流河口区。河口区潮差大，燕尾港水文站平均潮差 3.07 米，最大潮差 5.19 米。燕尾港码头前沿最大涨潮流速 1.22 米 / 秒，最大落潮流速 1.04 米 / 秒。

河口段历史时期变化较大：南宋时期为沭河入海河道，元末沭河改道从蔷薇河入海，沂水、泗洪水曾一度在灌河水道由响水口入海。1128 年黄河夺淮从苏北入海后，大量泥沙在河口流域沉积，海岸东移，河口随之外移。1970 年在响水镇附近建闸 4 座，以便蓄淡防潮，闸上淡水灌溉农田，闸下水道成为通海航道。

历史资料表明，灌河口出口水道不断向西北向偏移，其中 1940—1962 年西偏 45°，1962—1980 年西偏 20°。出口水道的平面形态随着沙嘴向延伸而改变其平面位置和出口方向，其动态变化除受海洋动力影响外，还深受河流作用影响：洪水年，出口水道普遍发生淤积；枯水年则普遍发生冲刷；一年内洪、枯季发生类似的变化。口外海滨段发育有水下三角洲，是废黄河三角洲的一部分，整个废黄河口水下三角洲从灌河口到新洋港，宽约 160 千米，从废黄河向东延伸 72 千米的 17 米水深处，面积达 6 000 平方千米以上。三角洲北部，即灌河入海口一侧，地形起伏较大，有较大型的平行岸线的潮流脊和流蚀洼地。灌河口还发育一个小型水下三角洲。1855 年黄河北归后，该区海岸侵蚀后退，侵退率平均 60 米 / 年，结果在 20 世纪初开始形成灌河口沙嘴，该沙嘴不断向陆侧移动。

河口西岸建有燕尾港，有 5 000 吨级泊位，东岸建有陈家港，有 3 000 吨级和 1 000 吨级泊位各一座，明代就是重要的漕运港之一。

中山河口 (Zhōngshānhé Kǒu)

北纬 34°22.6′，东经 120°05.3′。隶属于盐城市滨海县。又名新淮河口，1934 年利用废黄河下游河槽开挖淮河入海河道，称八套以上为废黄河，以下改道段为中山河，又称新淮河。以纪念孙中山先生得名中山河，系中山河入海口。河流全长 160 千米，河口宽约 2 千米，建有中山河闸。

废黄河口 (Fèihuánghé Kǒu)

北纬 34°15.4′，东经 120°16.5′。隶属于盐城市滨海县滨海港镇，滨海县城东北约 50 千米处。废黄河，又称淤黄河，原为 1128 — 1855 年黄河夺淮入海的主要河道。清咸丰五年（1855 年）黄河北归山东入渤海后，河道干涸，河床两侧滩地多垦为农田、果园，残存河床断续分布，故称废黄河。系废黄河的入海口而得名。河流全长 496 千米，河口宽约 126 米。

黄河夺淮由苏北入海时，河口在今滨海西南部的云梯关附近，当时河口最宽处可达 14 ～ 15 千米。由于黄河泥沙沉积，海岸不断向海淤涨，700 余年间共延伸约 80 千米。黄河北归后，海岸由淤涨转化为后退，1855 年至今，废黄河口一带共后退约 20 千米。1969 年以后由于采取了人工护岸措施，海岸蚀退速度减缓。

射阳河口 (Shèyánghé Kǒu)

北纬 33°48.9′，东经 120°28.7′。隶属于盐城市射阳县，入海处西南距射阳县城约 25 千米。因其为射阳河入海口，故名。

射阳河，古称潮河、射波、射阳港。源自宝应县的射阳湖，在射阳县通海镇射阳港入海，河长 198 千米，流域面积 4 036 平方千米，年均径流量 48 亿立方米。河口段包括射阳河闸下游新老入海河道。老河道从射阳河闸向东至东小海，折向南至黄沙港闸，又折向东北至沙歪港一带入海，长约 30 千米，口宽 269 米。1980 年进行人工裁弯取直，开挖从东小海向东至沙歪港的新河道，射阳河闸经新河道至入海口约 16 千米，河口拦门沙发育。

新洋港口 (Xīnyánggǎng Kǒu)

北纬 33°38.2′，东经 120°34.6′。隶属于盐城市射阳县。因是新洋港河的入海口而得名。新洋港河原为断续低洼地和自然沟渎，清康熙七年至九年（1668 — 1670 年）先后两次进行疏浚，形成人工水道。1932 年后又多次疏浚而成今日之河流，河长 83 千米，流域面积 2 478 平方千米，河口宽 204 米，建有新洋港闸，闸下淤积严重。

斗龙港口 (Dòulónggǎng Kǒu)

北纬 33°29.8′，东经 120°37.8′。隶属于盐城市大丰区。有牛龙相斗传说，名源此，系斗龙港河和大丰干河的入海口，故名。斗龙港河，古称牛湾河，龙开港。原南起西团河，至夏明墩入海。1933 年下游裁弯，建下明闸；1950 年又裁弯拓浚；1965 年上游改道，下游废下明闸，建斗龙港闸。河流全长 59 千米，河口宽约 529 米，闸下淤积严重。

长江口 (Chángjiāng Kǒu)

北纬 31°18.5′，东经 121°55.9′。位于我国中部，江苏省与上海市交界处。因系长江入海口，故名。因长江下游别称扬子江，故又名扬子江口。

根据动力条件和河槽演变特性，将长江的安徽大通（枯季潮区界）向下至下三角洲前缘长达700千米的区段定为长江的河口区。分为三个区段：大通至江阴（洪季潮区界）为河流近口段，长400千米，河槽演变受径流和边界条件控制，江心洲发育；江阴至口门为河流河口段，河长220千米，径流和潮流相互消长，河槽分汊多变；自口门向外至30～50米等深线处为口外海滨段，以潮流作用为主，水下三角洲发育。

从现今地形上看，江苏省常熟市的徐六泾是长江口一个河流节点。从该点向下至河口口门，河口水道逐渐放宽，徐六泾处江面宽约5千米，至口门处则宽达90千米。该段河长为158千米，呈明显的喇叭形，该河口段内有我国第三大岛崇明岛及长兴岛、横沙岛。另外还有青草沙、团结沙、中央沙、西黄瓜沙（出露水面部分称新隆沙）、没冒沙等浅滩和沙洲。

长江口历史上系由漏斗状河口逐渐发育而成。在6 000～7 000年前，长江口为溺谷型河口湾，湾顶在镇江、扬州一带（《中国海湾志》第十四分册，1998）。距今2 000年前，长江口在镇江－扬州一线，为三角港。公元8世纪时，河口下移至江阴附近。18世纪后，河口逐渐移至今址。江面宽阔，水流平缓。因受潮汐顶托影响，长江上、中游携带的大量泥沙在此沉积，形成许多沙岛、沙洲。7世纪时，有东、西两沙出露江面，以后沙洲几经坍涨合并，形成崇明岛。崇明岛形成后，将江口分成南、北两支水道。14－18世纪，长江口的主航道为长江口北支水道，19世纪中叶后，南、北两支水道中又逐渐形成许多沙洲。经百余年的变迁，南支水道中的部分沙洲合并成横沙、长兴两岛，将南支水分成南、北两港水道。1927年后因上口严重淤浅，主航道又移至南港水道。1940年后南港又分汊为南、北槽水道。1975年疏浚南槽水道，1984年开辟北槽深水道，自此南、北槽均可通航万吨轮。20世纪南港水道中的九段沙发育壮大，又分出南、北两槽水道。在南支水道逐渐扩展分汊的同时，北支水道却由于涨潮流量超过落潮流量，大量泥沙淤积，逐渐淤浅变窄，崇明岛不断向北扩展，目前北支水道水深不足5米，最浅处水深仅2米，海轮已不能通航。

长江将我国的重要港口和工业城市上海市与苏、皖、赣、湘、鄂、川等省以水路相连，素有黄金水道之称。长江口虽有拦门沙为阻，但其天然水深仍有6米左右，利用3米左右的乘潮水位，万吨巨轮可畅通无阻地进出，是我国海洋和内河航运的重要通道。

下篇

海岛地理实体
HAIDAO DILI SHITI

大参礁 (Dàshēn Jiāo)

北纬 35°08.5′，东经 119°55.2′。犹如一只巨大的海参伏于波涛之中，故名。又名平岛东礁。位于平岛东北约 1.8 千米处。《中国海域地名志》（1989）称为大参礁，《江苏省海底资源综合调查报告》（1996）记为平岛东礁。基岩岛。岸线长 144 米，面积 1 235 平方米，最高点海拔 8.3 米。

平岛 (Píng Dǎo)

北纬 35°08.3′，东经 119°54.5′。位于达山岛以南 15.1 千米处。因岛顶地势较平，故名。又名平山岛、平山、曲福岛。清乾隆元年（1736 年）编修的《山东通志·卷二十·海疆志·岛屿》，记载为曲福岛（日照史称海曲县），《青州府志》亦有相同记载。《中国海域地名志》（1989）称为平岛、平山岛、平山。呈东西走向，窄腰长形，长 900 米，宽 300 米，岸线长度 2.7 千米，面积 0.144 平方千米，最高点海拔 47.3 米。基岩岛，岛体为前震旦系变质岩，单斜构造，第四纪松散物质较薄，基岩裸露，无贮水构造。生长法国梧桐、野生草丛。岛上栖息白腰雨燕、扁嘴海雀等多种鸟类。南北两侧各有 1 座码头，可供百吨级以下船只停靠。有房屋、篮球场、蓄水池、水塔、柴油发电机房、台阶路等基础设施。

达山岛 (Dáshān Dǎo)

北纬 35°00.5′，东经 119°53.5′。西南距车牛山岛 6.8 千米，北距平岛 15.1 千米。因岛两端高，中部低，若两山褡裢状，故名"褡裢山"，谐音为达念山，又名褡裢山岛、达念山岛，后简称为达山岛。清道光六年（1826 年）陶澍《海运图》注为"褡裢山"。《江苏省兵要地志》（1974）载为达山岛（达念山岛）。《连云区志》（1995）记载该岛原称褡裢山岛，后简称为达山岛。呈东南—西北走向，不规则葫芦形。长 470 米，宽 370 米，岸线长 1.92 千米，面积 0.115 平方千米，最高点海拔 50 米。基岩岛。顶部较平坦，四周多陡崖，为前震旦系变质岩，单斜构造，第四纪松散物较薄。岛周基岩裸露，无贮水构造。生长阔叶林。岛上栖息白腰雨燕、扁嘴海雀等多种鸟类。建有多处房屋及道路、码头、发电机房、蓄水池、篮球场、风车等基础设施，设有灯塔和通信塔各 1 座。2006 年，达山岛东端建有领海基点方位碑。

达山南岛（Dáshān Nándǎo）

北纬35°00.4′，东经119°53.3′。距大陆最近点46千米。第二次全国海域地名调查时因该岛位于达山岛东南20米的海域，故名达山南岛。基岩岛。岸线长121米，面积826平方米。

花石礁（Huāshí Jiāo）

北纬35°00.4′，东经119°53.6′。距大陆最近点53千米。因岩石似朵朵海花，故名。《中国海域地名志》（1989）称为花石礁。基岩岛。岛体呈椭圆形，岸线长241米，面积3 072平方米，最高点海拔10.8米。

车牛山岛（Chēniúshān Dǎo）

北纬34°59.7′，东经119°49.3′。距大陆最近点39.8千米。因岛旁小岛三四，远望之如数牛共挽一车，故名。又名车牛山、牵牛山。清康熙十二年（1673年）编修的《安东卫志》上卷、清乾隆元年（1736年）编修的《山东通志·卷二十·海疆志·岛屿》记载为车牛山。清道光六年（1826年）《海运图》注为"牵牛山"。1985年7月日照市在岛上设立"中国车牛山岛"地名标志。《中国海域地名志》（1989）称为车牛山岛，《中国地图集》（2011）记录该岛名为车牛山。

呈西北—东南走向，三角形，长400米，宽230米，岸线长1.05千米，面积0.06平方千米，最高点海拔66.2米。基岩岛，为前震旦系变质岩，单斜构造。第四纪松散物质较薄，岛周基岩裸露，地形陡、坡度大，无贮水构造。植被有冬青树、柳树等。有白鹭、银鸥、画眉、黄鹂、百灵鸟、扁嘴海雀、寿带鸟、啄木鸟、戴胜鸟、军舰鸟及黑喉潜鸟等鸟类。近岸砂砾环绕，外围海域以细砂沉积为主，适于刺参等海珍品生长。建有房屋、道路、贮水池、风力发电机、移动信号基站、地震监测等设施。有码头4座，可供100吨以下船舶停靠。有灯塔。

牛尾岛（Niúwěi Dǎo）

北纬34°59.4′，东经119°49.2′。距大陆最近点47千米。因与附近一些岛礁共同呈海中浮牛状，此岛像牛尾，故名。又名海鸥岛。《江苏省兵要地志》（1974）、《中国海域地名志》（1989）等称为牛尾岛；《国务院关于江苏省沿海岛、礁、沙地名的批复》（国函字〔1985〕141 号）中称为海鸥岛。岛呈南北向，椭圆形，长 80 米，宽 20 米，岸线长度 190 米，面积 1 600 平方米，最高点海拔 23.6 米。基岩岛。岛上栖息鹭、银鸥、画眉、黄鹂、百灵鸟、扁嘴海雀等多种鸟类。

牛角岛 (Niújiǎo Dǎo)

北纬 34°59.2′，东经 119°48.6′。距大陆最近点 41.5 千米。因与其他岛礁在海中呈浮牛状，此岛像牛角，故名。又名小白鹭岛。《中国海域地名志》（1989）称为牛角岛；《国务院关于江苏省沿海岛、礁、沙地名的批复》（国函字〔1985〕141 号）、《连云港市志》（2000）中称为小白鹭岛。基岩岛。岸线长 230 米，面积 3 900 平方米，最高点海拔 13.8 米。岛上栖息鹭、银鸥、画眉、黄鹂、百灵鸟、扁嘴海雀等多种鸟类。建有航标灯塔 1 座。

牛背岛 (Niúbèi Dǎo)

北纬 34°59.2′，东经 119°48.7′。距大陆最近点 46 千米。因与其他岛屿在海中共同呈浮牛状，此岛像牛背，故名。又名大白鹭岛。《国务院关于江苏省沿海岛、礁、沙地名的批复》（国函字〔1985〕141 号）、《连云港市志》（2000）中称为大白鹭岛；1985 年 9 月，中国地名委员会定名为牛背岛，并在岛上设立地名标志碑。呈西北 — 东南长条形，长 350 米，宽 40 米，岸线长 740 米，面积 12 000 平方米，最高点海拔 29.7 米。基岩岛。岛上栖息鹭、银鸥、画眉、黄鹂、百灵鸟、扁嘴海雀等多种鸟类。

牛犊岛 (Niúdú Dǎo)

北纬 34°59.1′，东经 119°48.9′。距大陆最近点 42.8 千米。因位于牛背岛东侧，似跟随的牛犊，故名。《山东省海岛志》（1995）称为牛犊岛。基岩岛。岸线长 180 米，面积 1 800 平方米，最高点海拔 12 米。

秦山岛 (Qínshān Dǎo)

北纬 34°52.2′，东经 119°16.8′。位于连云港市赣榆区东部海域，西北距兴庄河口 8.29 千米。清乾隆《云台山志》记载"一名琴山，以山形似琴。一名秦山，俗名奶奶山。墟沟西北二十里，上有碧霞宫，僧人守之。先名秦山，后因春融屡现楼台人物之状，与蓬莱海市无异，故以神名"；清嘉庆《赣榆县志》记载"秦始皇登此山求仙，勒石而过，石至今犹存，因名秦山……其上有奶奶庙、奶奶洞，俗称奶奶山"；清嘉庆《嘉庆海州直隶州志》称秦山岛，沿用至今。

岸线长 2.6 千米，面积 0.142 4 平方千米，最高点高程 57 米。基岩岛，主要为石英岩、大理岩，夹有云母片岩。地貌为剥蚀侵蚀低丘陵，海岸发育海蚀崖、海蚀穴、海蚀柱、岩滩和砾石滩。以棕壤性土为主。生长针叶林、阔叶林和草丛。西南侧有长 2.6 千米的砾石连岛坝与大陆相连，称为"神路"。岛上有房屋及码头、道路、蓄水池、风力发电机等基础设施，设有灯塔和移动通信塔；有千年古亭、李斯碑、徐福井、天妃宫、授珠台、秦东门、古炮台等 20 余处历史文化古迹。在连云港海州湾海湾生态与自然遗迹海洋特别保护区内。

小孤山 (Xiǎogū Shān)

北纬 34°46.9′，东经 119°26.9′。隶属于连云港市连云区。因孤立于东西连岛处而得名。《连云港市地名录》（1983）、《中国海域地名志》（1989）等称为小孤山。岸线长 152 米，面积 1 203 平方米，最高点高程 3.9 米。基岩岛，松散沉积物覆盖少。无植被。

竹岛 (Zhú Dǎo)

北纬 34°46.4′，东经 119°20.6′。隶属于连云港市连云区，距棺材山 510 米。因岛上生长茂密的淡杂竹，故名。清乾隆《云台山志》称竹岛，沿用至今。当地渔民称之为蛇岛。岸线长 1.31 千米，面积 0.086 平方千米，最高点高程 55.4 米。基岩岛，由浅粒岩和变粒岩构成。岛顶呈椭圆形，属侵蚀剥蚀低丘陵，海蚀地貌发育，岛四周均为海蚀岩滩，宽 10 ～ 30 米。南部有长 20 米、高 3 米的古海蚀崖，基部有小型海蚀穴。植被以刚竹和淡竹为主。建有房屋及简易码头、灯塔、道路等设施。在连云港海州湾海湾生态与自然遗迹海洋特别保护区内。

鸽岛 (Gē Dǎo)

北纬 34°45.4′，东经 119°22.7′。位于连云港市连云区，距大陆最近点 250 米。因岛体外形像一只浮在海面上的鸽子而得名。清乾隆《云台山志》记载为鸭岛和鸽子岛；清嘉庆《嘉庆海州直隶州志》、清光绪《江苏全省舆图》记载为鸭岛；

清光绪《江苏沿海图说》记载为鸽子岛；《江苏省地方志·连云区志》记载为鸭岛和鸽岛；当地称之为鸽岛。岸线长 513 米，面积 14 932 平方米，最高点高程 23.6 米。基岩岛，呈椭圆形，东西长约 150 米，南北宽约 80 米。侵蚀低丘陵，四周为海蚀崖，东南部有小湾。主要植被白茅、日黄茅、拂子茅，伴生野菊花及灌木等。建有房屋、码头和景观灯等设施。

羊山岛 (Yángshān Dǎo)

北纬 34°41.9′，东经 119°28.9′。隶属于连云港市连云区，距连云区高公岛乡 100 米。因该岛北部山坡上有石头似羊形，故名。清乾隆《云台山志》、清嘉庆《嘉庆海州直隶州志》、清光绪《江苏全省舆图》称为洋山岛；清光绪《江苏沿海图说》称羊山岛，沿用至今。岸线长 2.69 千米，面积 0.205 9 平方千米，最高点高程 61.3 米。基岩岛，由浅粒岩和变粒岩组成。周围有海蚀崖、岩滩、砾石滩和沙滩，高潮位附近有海蚀穴。植被主要有松树和灌木，西侧有松树林。有居民海岛。2012 年 3 月有户籍人口 252 人，常住人口 244 人，主要从事海洋捕捞和海水养殖。建有水电、交通等基础设施，有一条 15 米宽的水泥大堤与陆地相连。南侧有高公岛渔港，可停泊渔船 100 多艘。

开山岛 (Kāishān Dǎo)

北纬 34°31.8′，东经 119°52.3′。位于黄海之滨灌河口东侧海域，距灌河口 7.8 千米。《中国海域地名志》（1989）记载"当地称远处为开边，近处为拢边，此岛位于灌河口外，故名。一说，相传古时曾有一樵夫登岛打柴，突然山门大开，现奇珍异宝，因此得名"；清乾隆《云台山志》、清嘉庆《嘉庆海州直隶州志》、清道光《海运全图》、清光绪《江苏沿海图说》《江苏省地志》（1937）等均称开山岛，沿用至今。岸线长 725 米，面积 17 764 平方米，最高点高程 36.4 米。基岩岛，由浅灰色石英砂岩和浅绿色千枚岩组成。岩石裸露，呈馒头状，中间高，四周微斜。海蚀地貌发育，四周均为海蚀崖，崖前发育岩滩，海积地貌发育于海岛西南端。植被稀疏。建有房屋、道路、蓄水池、灯塔、码头等基础设施。

大狮礁 (Dàshī Jiāo)

北纬 34°31.8′，东经 119°52.1′。位于黄海之滨灌河口东侧海域，距灌河口

7.75 千米。《中国海域地名志》（1989）称大狮礁，载"此礁与相邻一礁大小相对，均如石狮，此礁略大一点，故名"。岸线长 91 米，面积 531 平方米。基岩岛，松散沉积物覆盖少。无植被。有灯塔。

船山 (Chuán Shān)

北纬 34°31.1′，东经 119°52.9′。位于黄海之滨灌河口东侧海域，距灌河口 7.89 千米。因其形狭长，东南、西北两头高，似小船，故名。《江苏省地志》（1937）、《中国海域地名志》（1989）、《中国海域地名录》（1992）等称船山。基岩岛。岸线长 41 米，面积 135 平方米。无植被。有灯塔。

麻菜珩 (Mácàihéng)

北纬 33°21.8′，东经 121°20.8′。隶属于盐城市大丰区，距大丰港 50.77 千米。当地称可利用涨落潮于沙脊上置网捕鱼的地方为珩，传说过去渔民曾在此捞到麻菜，故名。《中国海域地名录》（1992）、《江苏省志·地名志》（2003）称为麻菜珩；《中华人民共和国政府关于中华人民共和国领海基线的声明》（1996）称麻菜珩。沙泥岛。据 1979 年海军实测海图量算，麻菜珩零米线以上面积为 1.85 平方千米。中华人民共和国公布的中国领海基点所在海岛。

外磕脚 (Wàikējiǎo)

北纬 33°00.9′，东经 121°38.4′。隶属于盐城市东台市。民国时弶港有渔船名为"磕脚儿"，据后来的船主讲，原船主的母亲是内八字脚，当地称内八字脚为磕脚儿，船亦因此得名，"磕脚儿"船经常在此捕鱼，沙脊因名磕脚珩，该沙脊实际分为近岸和稍远岸两沙脊，当地称近岸沙脊为里磕脚，稍远岸沙脊即为外磕脚，故名。《吕四渔场图》（1964）称歪脚珩；《中国海域地名录》（1992）和《中华人民共和国政府关于中华人民共和国领海基线的声明》（1996）等称外磕脚。沙泥岛。据 1979 年海军实测海图量算，外磕脚零米线以上面积为 0.63 平方千米。中华人民共和国公布的中国领海基点所在海岛。

阳光岛 (Yángguāng Dǎo)

北纬 32°31.7′，东经 121°25.3′。隶属于南通市如东县，距如东县长沙镇滨海村 13.77 千米。是在原西太阳沙低潮高地上围垦填海建造的人工岛，故名。

曾名太阳岛、西太阳沙人工岛。2013 年定名为阳光岛。始建于 2006 年 9 月，岸线长 7.8 千米，面积 2.950 3 平方千米，最高点高程 10.3 米。是洋口港重要的港口作业区及主要仓储、中转和临海加工区。设有消防中队和变电所，铺设了大陆输水管道。

带鱼沙 (Dàiyú Shā)

北纬 31°47.4′，东经 121°29.0′。隶属于南通市，距启东市灯杆港河口 1.28 千米。此岛形如带鱼，当地渔民称之为带鱼沙。沙泥岛。岸线长 14.8 千米，面积 6.526 2 平方千米，最高点高程 2～3 米。岛上遍生芦苇。

永隆沙 (Yǒnglóng Shā)

北纬 31°47.7′，东经 121°25.8′。隶属于南通市，距启东市灯杆港河口 3.43 千米。1946 年涨出水面，曾名永丰沙、合丰沙，后因崇明外沙 13 个沙洲之一的永隆沙坍没入江，故先露出沙洲沿用旧称永隆沙。沙泥岛。岸线长 2.83 千米，面积 22.756 3 平方千米，高程 2～4 米。地势低平，岸线皆为人工挡潮堤，由长江口北支中的沙洲经围垦形成。海门市海永乡和启东市启隆乡人民政府所在地，2012 年 3 月户籍人口 8 021 人，常住人口 6 530 人。西半部为海门市海永乡（下辖沙南村、永北村、联想小区和国营海门市永隆沙良种场东西场大队），东半部为启东市启隆乡（下辖永隆社区）。以繁育良种为主，主要进行玉米、小麦、蚕豆和水稻等作物的良种培育。工业以机械、轻纺和电子为主。设有中学、小学、银行和医院，建有水电、公路、汽车轮渡等基础设施。

兴隆沙 (Xīnglóng Shā)

北纬 31°45.7′，东经 121°30.8′。隶属于南通市启东市，距启东市新三和港河口 3.35 千米。《江苏省启东县地名录》（1983）记载"继永隆沙后涨出水面，原称新隆沙，与永隆沙中间隔一条夹漕。沙涂面积大，大有发展趋势，故改名兴隆沙"。江苏省最大海岛。岸线长约 31.31 千米，面积 24.681 2 平方千米，最高点高程 2～4 米。沙泥岛。1972 年前后露出水面，1976 年开始种植芦苇和围垦，至 1987 年前后经 6 次围垦，达到现规模。有居民海岛，设有兴隆社区，2012 年 3 月户籍人口 940 人，常住人口 1 198 人。以繁育良种为主，江苏省农业良种繁育基地之一，主要培育棉花、玉米、小麦和蚕豆等良种。建有水电、道路、渡口、风力发电机、水塔、通信塔等基础设施。

附录一

《中国海域海岛地名志·江苏分卷》未入志海域名录 [①]

一、岬角

标准名称	汉语拼音	行政区	地理位置	
			北纬	东经
江家咀	Jiāngjiā Zuǐ	江苏省连云港市连云区	34°46.1′	119°26.5′
北莺嘴	Běiyīng Zuǐ	江苏省连云港市连云区	34°45.8′	119°22.0′
羊窝头	Yángwō Tóu	江苏省连云港市连云区	34°45.3′	119°29.7′
旗台咀	Qítái Zuǐ	江苏省连云港市连云区	34°43.5′	119°28.5′
红石嘴	Hóngshí Zuǐ	江苏省连云港市连云区	34°43.4′	119°28.4′

二、河口

标准名称	汉语拼音	行政区	地理位置	
			北纬	东经
浏河口	Liúhé Kǒu	江苏省苏州市太仓市	31°31.1′	121°18.0′
小洋口港	Xiǎoyángkǒu Gǎng	江苏省南通市如东县	32°33.7′	121°02.3′
洋东闸	Yángdōng Zhá	江苏省南通市如东县	32°33.2′	121°03.3′
环港新闸	Huángǎng Xīnzhá	江苏省南通市如东县	32°30.7′	121°10.5′
掘苴新闸口	Juéjū Xīnzhákǒu	江苏省南通市如东县	32°28.4′	121°11.5′
豫东闸	Yùdōng Zhá	江苏省南通市如东县	32°18.8′	121°25.0′
东安新闸口	Dōng'ān Xīnzhákǒu	江苏省南通市如东县	32°17.0′	121°26.2′
东凌港	Dōnglíng Gǎng	江苏省南通市如东县	32°16.7′	121°26.2′
掘东涵洞	Juédōng Hándòng	江苏省南通市如东县	32°12.4′	121°21.6′
遥望港	Yáowàng Gǎng	江苏省南通市如东县	32°12.2′	121°21.7′
大洋港口	Dàyánggǎng Kǒu	江苏省南通市启东市	32°05.0′	121°35.7′
茅家港口	Máojiāgǎng Kǒu	江苏省南通市启东市	32°03.5′	121°39.7′
新港口	Xīngǎng Kǒu	江苏省南通市启东市	32°02.2′	121°43.0′

① 根据 2018 年 6 月 8 日民政部、国家海洋局发布的《中国部分海域海岛标准名称》整理。

标准名称	汉语拼音	行政区	地理位置	
			北纬	东经
蒿枝港口	Hāozhīgǎng Kǒu	江苏省南通市启东市	32°01.2′	121°43.9′
塘芦港口	Tánglúgǎng Kǒu	江苏省南通市启东市	31°54.6′	121°50.9′
连兴港口	Liánxìnggǎng Kǒu	江苏省南通市启东市	31°41.6′	121°52.8′
东灶港	Dōngzào Gǎng	江苏省南通市海门市	32°07.0′	121°38.7′
临洪口	Línhóng Kǒu	江苏省连云港市	34°47.5′	119°13.4′
柘汪河口	Zhèwānghé Kǒu	江苏省连云港市赣榆县	35°03.5′	119°13.5′
石桥河口	Shíqiáohé Kǒu	江苏省连云港市赣榆县	35°03.0′	119°13.1′
韩口河口	Hánkǒuhé Kǒu	江苏省连云港市赣榆县	35°00.3′	119°12.2′
龙王河口	Lóngwánghé Kǒu	江苏省连云港市赣榆县	34°55.1′	119°11.8′
官庄河口	Guānzhuānghé Kǒu	江苏省连云港市赣榆县	34°55.1′	119°11.8′
兴庄河口	Xìngzhuānghé Kǒu	江苏省连云港市赣榆县	34°53.5′	119°11.3′
沙王河口	Shāwánghé Kǒu	江苏省连云港市赣榆县	34°51.1′	119°11.1′
青口河口	Qīngkǒuhé Kǒu	江苏省连云港市赣榆县	34°49.9′	119°11.4′
朱稽河口	Zhūjīhé Kǒu	江苏省连云港市赣榆县	34°49.7′	119°11.6′
范河口	Fànhé Kǒu	江苏省连云港市赣榆县	34°49.5′	119°11.7′
排淡河口	Páidànhé Kǒu	江苏省连云港市赣榆县	34°40.6′	119°26.6′
埒子口	Lièzi Kǒu	江苏省连云港市灌云县	34°32.5′	119°40.7′
扁担港口	Biǎndangǎng Kǒu	江苏省盐城市	34°06.4′	120°18.2′
翻身河口	Fānshēnhé Kǒu	江苏省盐城市滨海县	34°16.3′	120°16.8′
二罾港口	Èrzēnggǎng Kǒu	江苏省盐城市滨海县	34°08.6′	120°19.1′
双洋港口	Shuāngyánggǎng Kǒu	江苏省盐城市射阳县	33°59.5′	120°23.6′
运粮河口	Yùnliánghé Kǒu	江苏省盐城市射阳县	33°56.0′	120°25.0′
死生港	Sǐshēng Gǎng	江苏省盐城市东台市	32°52.5′	120°54.4′
川港	Chuān Gǎng	江苏省盐城市东台市	32°37.0′	120°54.3′
川东港口	Chuāndōnggǎng Kǒu	江苏省盐城市大丰区	33°03.2′	120°47.7′

附录二

《中国海域海岛地名志·江苏分卷》索引

上海分卷

上篇

海域地理实体
HAIYU DILI SHITI

第一章　海

东海 (Dōng Hǎi)

北纬 21°54.0′—33°11.1′，东经 117°08.9′—131°00.0′。位于我国大陆、台湾岛、琉球群岛和九州岛之间。西北部以长江口北岸的长江口北角到韩国济州岛连线为界，与黄海相邻；东北以济州岛经五岛列岛到长崎半岛南端一线为界，并经对马海峡与日本海相通；东隔九州岛、琉球群岛和台湾岛，与太平洋相接；南以广东省南澳岛与台湾省南端鹅銮鼻一线为界，与南海相接。

在我国古代文献中，早已有东海之名的记载，如《山海经·海内经》中有"东海之内，北海之隅，有国名曰朝鲜"；《左传·襄公二十九年》中有"吴公子札来聘……曰：'美哉！泱泱乎，大风也哉！表东海者，其大公乎'"；战国时成书、西汉时辑录的《礼记·王制》中有"自东河至于东海，千里而遥"；《战国策·卷十四·楚策一》中楚王说"楚国僻陋，托东海之上"；《越绝书·越绝外传·记地传第十》有"勾践徙治北山，引属东海，内、外越别封削焉。勾践伐吴，霸关东，徙琅琊，起观台，台周七里，以望东海"；《史记·秦始皇本纪》中有"六合之内，皇帝之土。西涉流沙，南尽北户。东有东海，北过大夏"；唐人徐坚等著的《初学记》中有"东海之别有渤澥"等。上述诸多记载均是将现今的黄海称为东海。

有关现今东海的记载，在我国古籍中也屡有所见。《山海经·大荒东经》中有关于东海的记载，如"东海中有流波山，入海七千里"，"东海之外大壑，少昊之国"，"东海之渚中，有神"等。庄子在《外物》中说"任公子为大钩巨缁，五十犗以为饵，蹲于会稽，投竿东海"。《国语·卷二十一·越语》中的越自建国即"滨于东海之陂"。晋张华在《博物志·卷一·山》中说"按北太行山而北去，不知山所限极处。亦如东海不知所穷尽也"。《博物志·卷一·水》又说："东海广漫，未闻有渡者"。

东海和黄海的明确划界是清代晚期之事，即英国人金约翰所辑《海道图说》给出的"自扬子江口至朝鲜南角成直线为黄海与东海之界"。

在某些古籍中又将东海简称为海，或称南海。如《山海经·海内南经》说："瓯居海中。闽在海中，其西北有山。一曰闽中山在海中"。晋代张华在《博物志·卷一·地理略》中说："东越通海，地处南北尾闾之间"。这里所说的海即今日的东海。

将东海称为南海的，最早见于《诗经·大雅·江汉》一诗中："于疆于理，至于南海"。其后的《左传·僖公四年》中有"四年春，齐侯……伐楚，楚子使与师言曰：'君处北海，寡人处南海，唯是风马牛不相及也'"。这里的南海即指现今的部分黄海和部分东海。《史记·秦始皇本纪》中有"三十七年十月癸丑，始皇出游……上会稽，祭大禹，望于南海，而立石刻颂秦德。"晋张华在《博物志·卷一·地理略》中有"东越通海，地处南北尾闾之间。三江流入南海，通东冶（今福州），山高水深，险绝之国也"。《博物志·卷二·外国》又说"夏德盛，二龙降庭。禹使范成光御之，行域外。既周而还至南海……"。张华在这里所说的南海，即为今之东海。

东海总体呈东北—西南向展布，北宽南窄，东北—西南向长约 1 300 千米，东西向宽约 740 千米，总面积约 79.48 万平方千米，平均水深 370 米，最大水深 2 719 米。注入东海的主要河流有长江、钱塘江、瓯江、闽江和九龙江等。沿岸大的海湾有杭州湾、象山港、三门湾、温州湾、兴化湾、泉州湾和厦门港等。东海是我国分布海岛最多的海区，分布有马鞍列岛、崎岖列岛、嵊泗列岛、中街山列岛、韭山列岛、渔山列岛、台州列岛、东矶列岛、北麂列岛、南麂列岛、福瑶列岛、四礵列岛、马祖列岛、菜屿列岛、澎湖列岛等列岛。

东海发现鱼类 700 多种，加上虾蟹和头足类，渔业资源可达 800 多种，其中经济价值较大、具有捕捞价值的鱼类有 40～50 种。舟山渔场是我国最大的近海渔场之一。东海陆架坳陷带内成油地层发育，至 2008 年我国在东海已经探明石油天然气储量 7 500 万桶油当量。石油与天然气在陆架南部的台湾海峡已开采多年，春晓油气田和平湖油气田也已投产。东海海底其他矿产资源也十分丰富，近年发现有海底热液矿藏，海滨砂矿主要有磁铁矿、钛铁矿、锆石、独居石、金红石、磷钇矿、砂金和石英砂，有大型矿床 9 处、中型矿 16 处、小型矿 41 处、矿点 5 个；煤炭资源分在陆架的南部，在台湾已有大规模开采。东海沿岸有优良港址资源，主要港口包括上海港、宁波舟山港、温州港、福州港、厦门港等，其中，宁波舟山港、上海港 2012 年货物吞吐量分别位居世界第一、二位。东海旅游资源类型多样，海上渔文化与佛教文化尤其令人称道，舟山普陀山风景区、厦门鼓浪屿风景区是全国著名的 5A 级旅游区。海上风能、海洋能资源优越，我国第一个大型海上风电项目——上海东海大桥 10 万千瓦海上风电场示范工程已于 2010 年 7 月并网发电。近年来，长三角经济区、舟山群岛新区、海峡西岸经济区、福建平潭综合实验区等发展战略相继获得国家批复实施，海洋经济快速发展。2012 年，长江三角洲地区海洋生产总值 15 440 亿元，占全国海洋生产总值的比重为 30.8%。

大戢洋 (Dàjí Yáng)

北纬 30°41.0′—30°56.0′，东经 121°57.0′—122°24.0′。在浙江省东北部、嵊泗县西北海域。西起上海市浦东新区海岸，东至嵊泗县北鼎星岛，南自小戢山屿，北与长江口相接。以洋中大戢山岛得名。呈椭圆形，长约 50 千米，宽约 35 千米，面积约 1 600 平方千米。

洋内水深多为 7～9 米，泥质底。洋面开阔，是远东及我国沿海船舶进入长江口的主航道。平均潮差 3.5 米左右，流速 0.5～1.5 米 / 秒。大戢山岛上设有灯塔，原为英国建造，1985 年 5 月由我国重建。灯高 84 米，射程 20 海里，配有雾笛。

第二章 海 湾

杭州湾 (Hángzhōu Wān)

北纬 30°31.2′，东经 121°30.5′。位于浙江省东北部沿海，钱塘江入海处。西起浙江省嘉兴市海盐县西山东南嘴至宁波市慈溪市西三闸连线以东，上接钱塘江，东止上海市浦东新区圩角闸至宁波市甬江口外游山嘴连线以西海域，跨上海市、嘉兴市、杭州市、绍兴市和宁波市。因近杭州，故名。清光绪《浙江沿海图说》：王盘洋"西图则以水道可通杭州，也名杭州湾"。古称钱塘港。明《筹海图编·卷五》："杭州居腹里之地，而以钱塘港、海门为分户，南岸为宁绍，北为松嘉，极西尽底为杭州，东临大海。"也称钱塘湾。民国《鄞县通志·舆地志》："小戢山、大戢山当扬子江口南、钱塘湾东。"

据《中国海湾志》第五分册：海湾湾口宽 100 千米，湾顶（通钱塘江）断面宽 21 千米，岸线长 258 千米，海湾面积 5 000 平方千米。本次量测：湾口宽约 97 千米，岸线长约 244 千米，海湾面积 4 589 平方千米。南岸呈扁形，北岸为弧形。均有滩涂发育，南岸宽 2～8 千米，北岸宽 0.5～1 千米。有历史记载以来，两岸始终呈南涨北塌趋势。北岸北自金山，南迄乍浦东南海中王盘山（群岛），西至澉浦以南海洋，在秦以前皆为陆地。南岸三北一带，古为大海，春秋以来逐渐冲积而扩大成陆。两岸局部筑有海塘围垦。湾中岛礁散布，北有大金山岛、滩浒山岛、大白山岛等，东南有七姊八妹列岛等。底泥松软，接钱塘江处有拱门沙坎。水深从西向东、从南向北渐深。钱塘江口深 2～5 米，湾口深约 8 米。南部滩宽水深 6～8 米，北部深槽逼岸 10～14 米。湾口有舟山群岛环屏，风浪较外海小，是沪甬间海运要津。大部分海域为正规半日潮，潮差由湾口向湾内逐渐增大，到澉浦达最大，然后逐渐减小。如镇海平均潮差 1.75 米，澉浦 5.54 米，芦潮港降至 3.21 米。湾内流速变化较大，各地不同，最大涨潮流速 3.84 米/秒，最大落潮流速 3.48 米/秒。海底沉积物以粉砂为主。

历来为海防要地，明嘉靖间倭寇数度突入湾内，骚扰沿岸地区；清道光二十二年（1842 年），英军舰在湾内攻陷乍浦；1937 年 11 月，日军由湾内北岸登陆，攻略上海等地。

杭州湾是我国经济发达区域之一，是长三角重要组成部分。2008 年建成通车杭州湾跨海大桥，北起嘉兴海盐郑家埭，南至宁波慈溪水路湾，全长 36 千米。宁波杭州湾新区位于海湾南部，区内设有国家级出口加工区、省级经济开发区、杭州湾国际商务健身高端服务区等功能性平台。

第三章 水 道

北支水道 (Běizhī Shuǐdào)

北纬 31°51.0′，东经 121°21.4′。位于长江口北岸与崇明岛之间，介于江苏省与上海市之间，全称长江口北支水道，或简称北支、北泓道。因上段邻江苏海门市，故又称海门水道。

西起海门青龙港，东至启东连兴港，最窄青龙港断面宽度 1.8 千米，长约 78.8 千米，最大水深 7 米，沙泥底。18 世纪前为长江入海主水道，19 世纪起主泓南移，北支淤浅。

南支水道 (Nánzhī Shuǐdào)

北纬 31°42.1′，东经 121°11.9′。位于崇明岛与长江口南岸之间。全称长江口南支水道。长江口被崇明岛隔开分汊的南侧水道。18 世纪中叶以后长江主泓道南移，自江苏省太仓市徐六泾以下至出海口统称南支水道。

西起江苏徐六泾，东至吴淞口，长约 70 千米。七丫口处宽约 9 千米，向东逐渐放宽。至吴淞口宽达 17 千米。19 世纪后长江主泓道经南支入海，自徐六泾至口门统称南支。19 世纪初下游被分汊为南、北港水道，遂以吴淞口为南支下端。沙泥底。属非正规半日潮，平均潮差 2.39 米，最大潮差 4.66 米（高桥站），向上游逐渐减小。落潮流速 1.32 米 / 秒，涨潮流速 0.88～1.05 米 / 秒。涨潮量与落潮量分别占长江口总潮量的 81% 和 90%。白茆沙南水道与宝山水道为南支主要航道，水深在 10 米以上，沙体过境影响航道时，最浅水深仍达 6～7 米，是上海港和东海船只进入长江的主要航道。近百年来，南支河段处于剧烈变化过程，沙洲遍布，较著名的有白茆沙、上扁担沙、下扁担沙、新浏河沙、浏河沙等。

白茆沙水道 (Báimáoshā Shuǐdào)

北纬 31°42.1′，东经 121°11.9′。上起徐六泾，下至七丫口，全长 33 千米。

长江河口段徐六泾以下，崇明岛将长江分为南、北两支，白茆沙水道位于南支进口，水道进口段为徐六泾节点段，是长江最后一个束窄段，江宽约 5.7 千米，河道南、北两岸分别为白茆小沙及新通海沙，两沙均为水下暗沙。徐六泾节点段主流多年贴南岸，过白茆小沙后北偏进入白茆沙汊道段，在白茆沙头分为两股水流分别进入白茆沙南、北水道。徐六泾节点以下江面逐渐展宽，至崇明岛洲头处河宽达到最大约 10 千米，出口段七丫口河宽约 9 千米。江中暗沙发育且多变，其中较大的江心暗沙为白茆沙，将水道分为白茆沙南、北水道。白茆沙沙体滩面受由北向南的漫滩流冲刷，分布有多条串沟，其形态不稳定，主要表现为沙体的形成、发展、冲蚀、再形成的周期性变化，导致主航道在南、北水道及新南槽之间交替摆动。

历史上，白茆沙水道江心暗沙冲淤变化剧烈，河势极不稳定，主航道平面位置变化频繁，航道条件十分恶劣。20 世纪 90 年代中期，白茆沙水道河道条件演变到相对有利时期，白茆沙体高大完整，航道条件好转。1996 年后，主航道一直稳定在南水道。目前，白茆沙南水道为海轮航道，白茆沙北水道为江轮航道。

白茆沙北水道 (Báimáoshāběishuǐdào)

北纬 31°43.5′，东经 121°12.7′。位于长江口南岸与崇明岛之间，位于江苏省与上海市之间，白茆沙水道过白茆小沙后北偏进入白茆沙汊道段，在白茆沙头分为两股水流分别进入白茆沙南、北水道。因该水道位于北侧，而称为白茆沙北水道，是江轮航道。

白茆沙南水道 (Báimáoshānánshuǐdào)

北纬 31°41.0′，东经 121°11.1′。白茆沙水道过白茆小沙后北偏进入白茆沙汊道段，在白茆沙头分为两股水流分别进入白茆沙南、北水道。因该水道位于南侧，而称为白茆沙南水道。水道长 24 千米，最窄宽度 2.3 千米，最大水深 46 米，是海轮航道。

宝山水道 (Bǎoshān Shuǐdào)

北纬 31°28.1′，东经 121°26.5′。位于长江南岸与崇明岛之间，因靠近上海市宝山区而得名。水道长33千米，最窄宽度3.2千米，最大水深20米。东西走向，西接白茆沙水道，东接南港水道。

新桥水道 (Xīnqiáo Shuǐdào)

北纬31°35.1′，东经121°27.0′。隶属于崇明区。是指靠近崇明岛自庙港到堡镇的一段水道，由扁担沙分隔南支主槽而形成，西接宝山水道，东北接北港水道。水道最窄跨度1千米，全长40千米，最大水深16米。

由于科氏力的作用，水道内以涨潮优势流作用为主。水道下端与北港相连，受到潮流和径流的双重作用，是河海相互作用比较剧烈的区域，滩槽冲淤多变。

新桥通道 (Xīnqiáo Tōngdào)

北纬31°30.1′，东经121°31.2′。隶属于崇明区，西接宝山水道，东北接新桥水道。水道最窄宽度1.4千米，全长16千米，最大水深15.7米。

新桥水道、新桥通道位于宝山水道至崇明岛之间，有201～215灯浮标志。其中，新桥通道为201灯浮至207灯浮；新桥水道位于崇明岛南岸，自207灯浮至215灯浮。使用新桥通道、新桥水道的船舶多数为往返于崇明岛至上海的客、渡船及小型货船。

北港水道 (Běigǎng Shuǐdào)

北纬31°30.3′，东经121°36.1′。隶属于崇明区。19世纪初长兴、横沙两岛形成以后，南支水道分汊为南、北港，因位于两岛北侧，故名。水道最窄宽度4千米，全长80千米，最大水深20米。

清咸丰十年至民国九年间（1860—1920年）曾为长江入海主要航道，民国十六年后（1927年）北港上口老崇明水道逐渐淤塞，口门的拦门沙最浅水深不足5米，通海航道逐渐为南港航道取代。沙泥底。

宝山支水道 (Bǎoshānzhī Shuǐdào)

北纬31°26.2′，东经121°28.0′。隶属于宝山区，南支水道中部。因为宝山水道的分支而得名。最窄宽度1千米，全长15千米，最大水深34米。

南港水道 (Nángǎng Shuǐdào)

北纬31°22.7′，东经121°37.8′。地跨浦东新区和崇明区，西起吴淞口，东至九段沙西端。19 世纪初长兴、横沙两岛形成以后，南支水道分汊为南、北两港，因位于两岛南侧，故名。最窄处宽 6.2 千米，长 40 千米，最大水深 21 米。原水道东至长江口门，长 103 千米，1945 年，九段沙将南港水道下段分为南北两槽水道后，遂成今状。沙泥底。1958 年前为单一河槽，水深在 12 米以上。之后开始淤浅，瑞丰沙嘴和江亚南边滩迅速淤涨，成为复式河槽。现航道维护水深 7.4 米，宽不足 400 米，每年疏浚工程量达 350 万立方米，是进出长江的主航道，可通航万吨级轮船。

横沙通道 (Héngshā Tōngdào)

北纬 31°21.5′，东经 121°47.6′。隶属于崇明区。近百年来，随着河口沙岛长兴岛与横沙岛发育成形，两岛之间的涨潮沟演变为沟通南、北港的潮汐通道，因靠近横沙岛，故而称之为横沙通道。水道最窄宽度 1.1 千米，全长约 8 千米，最大水深 27 米。

江亚南槽 (Jiāngyà Náncáo)

北纬 31°13.2′，东经 121°47.7′。地跨宝山区和浦东新区，西接南港水道，东南接南槽水道下段。因位于江亚南沙南侧而得名。水道最窄宽度 7.5 千米，长约 20 千米，最大水深约 10 米。

北槽水道 (Běicáo Shuǐdào)

北纬 31°15.5′，东经 121°55.6′。地跨崇明区和浦东新区。1945 年，九段沙将长江口南港水道分汊为二，因其位于北侧，故名。水道最窄宽度 2.8 千米，全长约 68 千米，最大水深 13 米。

北槽水道为沙泥底。1973 年起疏浚扩大加深。1984 年维护水深为 7 米。现上段为人工航道，宽 250 米，年疏浚量约 1 200 万立方米，下段为自然航道，为万吨级轮船进出长江口的主要航道。

南槽水道 (Náncáo Shuǐdào)

北纬 31°12.4′，东经 121°51.8′。隶属于浦东新区，长江口北港水道南部。全称长江口南槽水道。1945 年九段沙形成，南港水道分汊为二，因位于南侧，故名。

水道最窄处宽 7.5 千米，长约 62 千米，最大水深 12 米。沙泥底。槽内有江亚、铜沙、南支三航道，分别长 6 千米、28 千米和 65 千米，前两者为人工疏浚航道，宽 250 米，深 7 米；后者为天然航道。铜沙航道受九段沙挤压逐日淤浅，1984 年起停止维护，大型船只改由北槽水道进出。拦门沙水深 6 米，是闽、浙沿海船舶入长江口的重要航道。

第四章　滩

崇明东滩 (Chóngmíng Dōngtān)

北纬 31°32.9′，东经 121°58.6′。位于长江入海口，为崇明区崇明岛东部的滩地。由北八滧东沙、东旺沙、团结沙、奚东沙等沙体组成。因位于崇明岛东端而得名。系潮滩。滩涂向东淤涨延伸很快。1983 年实测高程零米以上滩地面积约 193 平方千米，其中八滧东沙 23 平方千米，东旺沙 104 平方千米，团结沙 53 平方千米，奚东沙 13 平方千米。滩面平坦，生长芦苇、海三棱草、丝草。1978 年兴建长 2.5 千米的促淤坝后，团结沙已与奚东沙连成一片，团结沙与东旺沙之间尚留一夹泓，水深 0～2 米。滩地产螃蟹、跳鱼、石蟥及蛏等。

处于我国候鸟迁徙的东线中部，地理位置重要。滩上有国家重点保护的小天鹅、鹤群栖居。现为崇明东滩湿地保护区，1992 年被列入《中国湿地保护名录》，1998 年经上海市人民政府批准建立鸟类自然保护区，2002 年 2 月 2 日（国际湿地日）被正式列入"拉姆萨国际湿地保护公约"国际重要湿地名录，2005 年晋升为"上海崇明东滩鸟类国家级自然保护区"。

川沙边滩 (Chuānshā Biāntān)

北纬 31°12.3′，东经 121°47.1′。隶属于浦东新区。北至高东乡，南至南汇边滩。因系川沙新镇滨海的滩地，故名。系潮滩。上海市重要湿地之一，滩附近建有川沙公园。

南汇边滩 (Nánhuì Biāntān)

北纬 30°55.6′，东经 121°58.6′。隶属于浦东新区，北与川沙边滩接壤，南濒杭州湾。因系南汇区东侧海滨滩地，故名，又称东滩、海里田、东海滩。系潮滩，是上海市重要湿地。长 33 千米，作北北西—南南东向弧形伸展，北窄南宽，零米以上的滩地面积约 110 平方千米。

奉贤边滩 (Fèngxián Biāntān)

北纬 30°50.2′，东经 121°38.4′。地跨金山区和奉贤区，地处杭州湾北缘的南汇嘴与金山嘴之间。因系奉贤区外侧滩地，故名。系潮滩。

海岸线平直，作北东东向，略呈内凹状。滩地地形宽缓，长 31.6 千米，宽 0.5～2.4 千米，面积约 52 平方千米，滩面最大高差约 3～4 米。高程零米以上纵深系近 800 年间成陆，约占奉贤区现有陆域面积的 30%。1979 年以来，边滩各段时有坍涨，变化较大。

白沙湾滩 (Báishāwān Tān)

北纬 30°38.4′，东经 121°09.9′。位于浙江省平湖市与上海市金山区交界处，杭州湾北部，亦称白沙滩。民国重修《浙江通志稿》记载："自江苏金山卫迤西入浙平湖县境，曰'白沙滩'，沿海二十余里。"东起上海市金山区牌头，西至浙江省平湖市益山嘴，呈带状，系浙北海岸最东段。潮滩，组成物质为淤泥，泥层厚，质细，色泽略白。产沙蟹、毛蛤、黄泥螺、白蚬。1937 年 11 月 5 日，日军在此处登陆金山卫，进攻上海。

第五章　岬　角

南汇嘴 (Nánhuì Zuǐ)

北纬 30°53.3′，东经 121°58.1′。隶属于浦东新区。系长江三角洲延伸形成。因长江河口向南延伸，与杭州湾在此交汇而得名。又称南汇角，简称汇角，曾称老鹳嘴。明宣德五年（1430 年）《郑和航海图》已载有南汇嘴，其时海岸线西距今海岸 5 千米，说明几百年来南汇嘴地名随上海陆地的发展而不断东移。

金山嘴 (Jīnshān Zuǐ)

北纬 30°41.9′，东经 121°19.9′。隶属于金山区。因靠近金山卫而得名。附近的金山嘴村是杭州湾北岸有名的渔村。现为上海人赶海的旅游景点。

第六章 河 口

长江口 (Chángjiāng Kǒu)

北纬 31°18.5′，东经 121°55.9′。位于我国中部，江苏省与上海市交界处。因系长江入海口，故名。因长江下游别称扬子江，故又名扬子江口。

根据动力条件和河槽演变特性，将长江的安徽大通（枯季潮区界）向下至下三角洲前缘长达 700 千米的区段定为长江的河口区。分为三个区段：大通至江阴（洪季潮区界）为河流近口段，长 400 千米，河槽演变受径流和边界条件控制，江心洲发育；江阴至口门为河流河口段，河长 220 千米，径流和潮流相互消长，河槽分汊多变；自口门向外至 30～50 米等深线处为口外海滨段，以潮流作用为主，水下三角洲发育。

从现今地形上看，江苏省常熟市的徐六泾是长江口一个河流节点。从该点向下至河口口门，河口水道逐渐放宽，徐六泾处江面宽约 5 千米，至口门处则宽达 90 千米。该段河长为 158 千米，呈明显的喇叭形，该河口段内有我国第三大岛崇明岛及长兴岛、横沙岛。另外还有青草沙、团结沙、中央沙、西黄瓜沙（出露水面部分称新隆沙）、没冒沙等浅滩和沙洲。

长江口历史上系由漏斗状河口逐渐发育而成。在 6 000～7000 年前，长江口为溺谷型河口湾，湾顶在镇江、扬州一带（《中国海湾志》第十四分册，1998）。距今 2 000 年前，长江口在镇江－扬州一线，为三角港。公元 8 世纪时，河口下移至江阴附近。18 世纪后，河口逐渐移至今址。江面宽阔，水流平缓。因受潮汐顶托影响，长江上、中游携带的大量泥沙在此沉积，形成许多沙岛、沙洲。7 世纪时，有东、西两沙出露江面，以后沙洲几经坍涨合并，形成崇明岛。崇明岛形成后，将江口分成南、北两支水道。14－18 世纪，长江口的主航道为长江口北支水道，19 世纪中叶后，南、北两支水道中又逐渐形成许多沙洲。经百余年的变迁，南支水道中的部分沙洲合并成横沙、长兴两岛，将南支水道分成南、北两港水道。1927 年后因上口严重淤浅，主航道又移至南港水道。1940 年后南港又分汊为南、北槽水道。1975 年疏浚南槽水道，1984 年开辟北槽深水道，自此南、北槽均可通航万吨轮。20 世纪南港水道中的九段沙发育壮大，又分出南、北两槽水道。在南支水道逐渐扩展分汊的同时，北支水道却由于涨潮流量超过落潮流量，大量泥沙淤积，逐渐淤浅变窄，崇明岛不断向北扩展，目前北支水道水深不足 5 米，最浅处水深仅 2 米，海轮已不能通航。

长江将我国的重要港口和工业城市上海市与苏、皖、赣、湘、鄂、川等省以水路相连，素有黄金水道之称。长江口虽有拦门沙为阻，但其天然水深仍有 6 米左右，利用 3 米左右的乘潮水位，万吨巨轮可畅通无阻地进出，是我国海洋和内河航运的重要通道。

吴淞口 (Wúsōng Kǒu)

北纬 31°23.4′，东经 121°30.6′。位于黄浦江与长江汇流处，地跨宝山区和浦东新区。原是吴淞江的入海口，故称之为吴淞口。现为黄浦江入海口。

南宋咸淳《玉峰续志》卷九已记有吴淞江口一名。明永乐二年（1404 年）开浚范家浜，引黄浦江于今复兴岛附近合吴淞江，故明代即说"吴淞江口，即为黄浦口子"。吴淞口外本有吴淞外沙碍航，清宣统三年（1911 年）建左导堤及右顺坝导流冲沙，并防止长江泥沙灌入，吴淞外沙逐渐消失，经历年疏浚，现涨潮时水深可达 8 米以上，一直为上海港船舶进出长江口的咽喉门户。

吴淞江，位于江苏省东南部和上海市西北部。发源于太湖瓜泾口，在外白渡桥入黄浦江。长 125 千米，其中上海市境内段长 53.1 千米。河口泄流量约 10 立方米 / 秒，是黄浦江最大支流。北岸有顾浦、盐铁塘、横沥、桃浦、彭越浦等支流；南岸有西大盈港、东大盈港、新通波塘、蟠龙港、新泾港等支流。

下篇

海岛地理实体
HAIDAO DILI SHITI

崇明岛 (Chóngmíng Dǎo)

北纬 31°39.2′，东经 121°33.5′。位于长江入海口，我国第三大岛，也是我国最大的河口冲积沙岛。东濒东海，南与江苏省常熟市和太仓市、上海市宝山区和浦东新区隔江相望，北与江苏省海门市、启东市一衣带水。唐武德年间（618—626 年）在今南通狼山以东，吕泗一带以南的溺谷型河口湾中涨出两个出露水面的沙洲，时名东沙、西沙，二沙相隔 35 千米余，是崇明岛的前身。唐神龙元年（705 年）在西沙设镇，取名"崇明"，"崇"为高，"明"为海阔天空，"崇明"意为高出水面而又平坦宽阔的明净平地；又传，唐朝时长江口涨起了东西并列的两个沙洲，略小的东沙呈圆形，像太阳，较大的西沙卧蚕状，两头尖尖，恰似一轮弯月。日月并列而成明。"崇"字有高意，高出水面故曰"崇"，故名"崇明"。1986 年《上海市人民政府关于本市沿海岛礁地名命名、更名的批复》将该岛正式命名为崇明岛，并沿用至今。

岸线长 216.43 千米，面积 1 311.26 平方千米；地势平坦，高程 3.4～4.3 米。属副热带季风气候，气候湿润，四季分明，阳光充足。年日照时数 2 070 小时，年平均气温 15.7℃，年平均降雨量 1 066.3 毫米，年平均蒸发量 1 405.5 毫米。岛上沉积物主要是粉砂、黏土质粉砂或粉砂质黏土等。植被茂盛，潮间带底栖生物丰富。设有"上海市崇明东滩鸟类国家级自然保护区"。有鸟类 17 科 312 种，其中国家保护的一级野生珍稀鸟类有东方白鹳、黑鹳、白头鹤等 3 种；二级保护鸟类有白枕鹤、黑脸琵鹭、小天鹅等 34 种，列入《中国濒危动物红皮书》的鸟类 20 种，附近海域还有野生珍稀动物中华鲟、白鳍豚、江豚等。

该岛是崇明区人民政府所在地，自元朝始有户籍记载。元惠宗至元年间（1335—1340 年），岛上有 12 789 户。明洪武二十四年（1391 年），14 220 户，总人口 86 842 人。至 2010 年，总户数 274 174 户，总人口 614 719 人。有东平国家森林公园、西沙湿地、明珠湖、崇明学宫、唐一岑墓、寿安亭、金鳌山、烈士纪念馆等旅游资源和纪念地，主要发展生态休闲旅游业。水陆交通方便。南岸有南门港、新河港、堡镇港和新建港。2009 年建成连接崇明岛和上海市区的长江隧桥工程；2012 年建成连通上海和江苏的崇启大桥。

长兴岛 (Chángxīng Dǎo)

北纬 31°24.3′，东经 121°38.9′。位于崇明岛东南海域，与崇明岛相距 10～15 千米。有一个八仙过海的传说，为纪念一只母耗子的长寿，命名此岛为长生岛，后易名为长兴岛。清光绪八年（1882 年）《宝山县志》全境水利图已有宝塘沙、鸭窝沙等 8 个沙洲的记载，到民国十年（1921 年）《宝山县志》图中有长兴沙等 9 个沙洲，"长兴"之名首次出现，且是所有沙洲中最大的岛屿。随长江口河槽演变，南支下游的诸多沙洲最终合并成今长兴岛。2008 年西部的中央沙并入长兴岛。1986 年《上海市人民政府关于本市沿海岛礁地名命名、更名的批复》将该岛正式命名为长兴岛，是盼望长久兴隆的意思。

长江口第二大河口冲积沙岛。岸线长 79.8 千米，面积 105.4 平方千米。岛上地势平坦，平均高程 2.78 米。属副热带季风气候。植被群落结构与组成较简单，栽培植被有经济林（柑橘园、桃园）、防护林，草本栽培植被有水稻、小麦、油菜、蚕豆、苜蓿等。崇明区长兴镇人民政府所在地。2010 年有 14 887 户，总人口 42 106 人。南部是船舶和海洋装备制造基地，有振华港机、中海长兴国际船务工程有限公司、长兴江南造船（集团）有限公司等大型企业。2011 年建成的青草沙水库是我国第一座建于潮汐河口江心的大型水库，为上海市饮用水主要来源。公共交通便捷，与大陆、崇明岛、横沙岛之间有定期车客渡，长江隧桥工程将该岛与上海市区相连。

横沙岛 (Héngshā Dǎo)

北纬 31°20.3′，东经 121°50.3′。北距崇明岛 11.1 千米，南与浦东新区海岸最近距离 8.4 千米。因横卧在长江口门处的淤积沙岛，故名横沙岛，南北两侧均为航道或水道，当地人曾称"房洲"，又名"开沙"。该岛因其横于江中，1986 年《上海市人民政府关于本市沿海岛礁地名命名、更名的批复》将其正式命名为横沙岛。长江口河口冲积沙岛。岸线长 31.63 千米，面积 52.91 平方千米，地势南北高中间低，平均高程 2.9 米。气候湿润，属副热带季风气候。植被群落结构简单，组成种类较少。栽培植被有经济林、防护林，草本栽培植被有水稻、小麦、油菜、蚕豆、苜蓿等。滩地植被生长较好，高潮滩以芦苇群落为主，中低潮滩以藨草、马兰为主。崇明区横沙乡人民政府所在地。2010年岛上居民13 107户，总人口34 020人。以生态休闲为主的生态岛，无工矿企业，只有一些小型维修作坊。有定期班轮和直通车客渡，建有渔轮码头、长江口深水航道整治施工码头等。有公交班车，交通方便。

白茆沙 (Báimáo Shā)

北纬31°44.2′，东经121°09.9′。位于崇明岛崇头附近的长江南支河段、江苏白茆河口外，北临白茆沙北水道。南支水道最西面的一个河口沙岛。该岛因靠近白茆河口而得名。当时渔民和船夫常把"白茆"误认为"老鼠"（苏南人读音近"白猫"音），习称"老鼠沙"。据历史海图和文献资料，自1861年起，该岛形态和位置经历了近10次较大变化，至20世纪50年代后期，与崇明庙港口外之筷架子沙接近，先后与拦门沙、西阴沙等连成一片，成为崇明岛西端的一部分。老白茆沙靠上崇明岛围垦后，在南支河段六文泾外又淤出一个阴沙体，并不断增大。第二次全国海域地名普查认定该沙体为海岛，因其靠近老白茆沙位置，故沿用"白茆沙"之名。2012年12月17日上海市人民政府发布《上海市无居民海岛、低潮高地、暗礁标准名录》认定"白茆沙"为标准名称。长江口河口冲积沙岛。岸线长4.98千米，面积0.86平方千米，最大高程1.6米。地势平坦，沉积物以砂、粉砂、黏土为主。植被茂盛，高潮滩以芦苇植被最多，中潮滩以藨草和海三棱藨草为主。潮滩底栖生物主要为河蚬和中华绒螯蟹。

东风西沙 (Dōngfēng Xīshā)

北纬31°42.4′，东经121°15.4′。该岛是原东风沙以西出现的小沙体，故名。2012年12月17日上海市人民政府发布《上海市无居民海岛、低潮高地、暗礁标准名录》认定"东风西沙"为标准名称。岸线长9.25千米，面积3.884平方千米。2002年该岛人工圈围，围堤内高程4.5米，围堤高程8.3～8.7米。沉积物以粉砂、细砂为主。植被优势种为芦苇和藨草，还分布水缪和莎草科植物等。堤内地势平坦，有人工开挖的排水沟渠、道路，堤外建有若干丁坝和顺坝。北岸建有小型码头，方便农民上岛开展季节性生产。无常住人口。

三星西沙 (Sānxīng Xīshā)

北纬 31°43.2′，东经 121°14.1′。位于长江口南支河段新桥水道末端，西北距崇明岛 110 米，东为东风西沙，南为白茆沙北水道。三星西沙与东风西沙原为同一个沙体，后因东风西沙圈围取土，在圈围大堤西侧形成沿堤的沟槽，在落潮流沿堤流的作用下加深，而沟槽西侧沙体逐渐增高，成为一个独立沙洲。第二次全国海域地名普查认定该沙洲为海岛，该岛因近崇明区三星镇，且位于东风西沙的西面，故名。2012 年 12 月 17 日，上海市人民政府发布《上海市无居民海岛、低潮高地、暗礁标准名录》认定"三星西沙"为标准名称。长江口冲积沙岛。岸线长 842 米，面积 0.045 平方千米，最大高程 3 米。地面平坦，地貌类型单一；沉积物以粉砂、砂为主。植被茂盛，潮滩植被优势种是芦苇和海三棱藨草。潮滩底栖生物为谭氏泥蟹、河蚬。

三星东沙 (Sānxīng Dōngshā)

北纬 31°41.8′，东经 121°16.8′。长江南支河段内的冲积沙岛，距崇明岛 220 米，位于东风西沙北新桥水道尾东端进口，西南为东风西沙。三星东沙原与东风西沙为同一个沙体。因其位于东风西沙北新桥水道进口，是新桥水道落潮时处在口门的淤积区。又受东风西沙圈围工程东北角水下潜坝的影响，泥沙不断淤积，滩面增高而出露水面。第二次全国海域地名普查认定该沙洲为海岛，该岛因近崇明区三星镇，且位于东风西沙的东面，故名。2012 年 12 月 17 日上海市人民政府发布《上海市无居民海岛、低潮高地、暗礁标准名录》认定"三星东沙"为标准名称。岸线长 2.19 千米，面积 0.258 8 平方千米，最大高程 1.4 米。地面平坦，地貌类型单一；沉积物以粉砂、砂为主。植被茂盛，潮滩植被优势种是芦苇和海三棱藨草。潮滩底栖生物为谭氏泥蟹、河蚬。

佘山岛 (Shéshān Dǎo)

北纬 31°25.3′，东经 122°14.4′。位于长江口外，距崇明岛 29.21 千米。曾名茶山、蛇山、长山、佘山。明《郑和航海图》注为茶山；明正统《崇明区志》记载为蛇山或长山。清乾隆《崇明区志》载"蛇山，在崇明区东北界，一名长山，一名茶山，又名佘山"；"蛇山……，西北山麓多棘，蛇优其下，大者数围，其状五色间有如竹节者，俱不害人"。按上海方言，茶山、蛇山、长山、佘山读音相近，均为民间习称。1931年中国海道测量局1:75 000海图标记为佘山，其后多种海图和地图也标注此名。1986年《上海市人民政府关于本市沿海岛礁地名命名、更名的批复》，将该岛和周边四个岛礁统一命名为"佘山岛"。第二次全国海域地名普查时将本岛名称沿用"佘山岛"，其周边4个岛礁分别命名为情侣礁和情侣礁一岛、情侣礁二岛、情侣礁三岛。2012年12月17日上海市人民政府发布《上海市无居民海岛、低潮高地、暗礁标准名录》认定"佘山岛"为本岛标准名称。

基岩岛，呈椭圆形，东西长约500米，南北宽约200米；岸线长1.78千米，面积0.095 2平方千米，最高点海拔71米。由火山岩构成，山体浑圆无峰，东高西低，南缓北陡，受人工改造影响，山顶平坦。四周悬崖峭壁，无潮间沙滩，仅有一处山谷为"砾石滩"。海岸有海蚀穴、海蚀平台、海蚀柱等地貌类型。周边水深3～4米，水流湍急。有红楠和山茶等乔木、桑树和冬青卫矛等灌木、珠芽景天和苔草属等草本植物。人工栽培植物有黄杨、柏树、柳树和仙人掌等。有珍稀保护树种——舟山新木姜子。

岛上有灯塔1座，建有我国首座海岛遥测宽带数字地震测试台、佘山岛海洋环境监测站、电信公司的海底光缆雷达观测站，北岸有1座码头。饮用水靠船舶供应；自主发电，与大陆通讯畅通。为1996年国家公布的领海基点岛。2005年在东南部岩石上建佘山岛领海基点石碑，同年设立佘山岛领海基点方位点和说明碑。2009年上海市人民政府设立"佘山岛"地名标志碑。

情侣礁 (Qínglǚ Jiāo)

北纬31°25.1′，东经122°14.5′。位于长江口佘山岛东南约500米处。又名"美人礁"。其名在1950年佘山岛驻军后才逐渐被使用。岛上官兵因常年驻守"孤岛"为家，眺望远方，有两块形态相似的岛礁像一对情侣朝夕相伴。为寄托对爱情的向往和对恋人的思念，年轻的官兵就把这些岛礁形象地称为情侣礁、美人礁。佘山岛碑铭文中也称其为"美人礁"，因其中两块形态、大小相似的礁石而得名。2012年12月17日上海市人民政府发布《上海市无居民海岛、低潮高地、暗礁标准名录》，认定"情侣礁"为该岛标准名称。岸线长 65 米，面积 257 平方米，最大高程 16.1 米。基岩裸露。无植被。

情侣礁一岛 (Qínglǚjiāo Yīdǎo)

北纬 31°25.1′，东经 122°14.5′。位于长江口佘山岛东南约 500 米处，现情侣礁西北。第二次全国海域地名普查认定为海岛，是与现情侣礁形态相似的礁石，加序数得名。2012 年 12 月 17 日上海市人民政府发布《上海市无居民海岛、低潮高地、暗礁标准名录》，认定"情侣礁一岛"为该岛标准名称。岸线长 51 米，面积 159 平方米，最大高程 15.1 米。基岩裸露，垂直节理发育，四周为陡崖峭壁。无植被。

情侣礁二岛 (Qínglǚjiāo Èrdǎo)

北纬 31°25.1′，东经 122°14.5′。位于长江口佘山岛东南约 500 米处，现情侣礁东北。第二次全国海域地名普查认定为海岛，是现情侣礁北面面积较大的礁石，加序数得名。2012 年 12 月 17 日上海市人民政府发布《上海市无居民海岛、低潮高地、暗礁标准名录》，认定"情侣礁二岛"为标准名称。岸线长 76 米，面积 325 平方米，最大高程 3.5 米。岛上基岩裸露。无植被。

情侣礁三岛 (Qínglǚjiāo Sāndǎo)

北纬 31°25.1′，东经 122°14.5′。位于长江口佘山岛东南 500 米处，距崇明岛 30.91 千米。第二次全国海域地名普查认定为海岛，为原"情侣礁"的一部分，是西北面面积较小的礁石，加序数得名。2012 年 12 月 17 日上海市人民政府发布《上海市无居民海岛、低潮高地、暗礁标准名录》，认定"情侣礁三岛"为标准名称。岸线长 14 米，面积 15 平方米，最大高程 6.2 米。岛上基岩裸露，垂直节理发育。无植被。

江亚南沙 (Jiāngyà Nánshā)

北纬 31°14.4′，东经 121°49.2′。位于长江口南支水道南北槽的分流口，西北和北部为长江口深水航道整治工程中鱼嘴工程和长江口 49 千米长南导堤头部，东为与九段上沙一水相隔的原长江口江亚航道，西南侧为长江口南槽水道，近大陆岸线 4.3 千米。因位于原"江亚"轮船沉没处而得名。1986 年 9 月《上海市人民政府关于本市沿海岛礁地名命名、更名的批复》将其定名为"江亚南沙"。2012年12月17日《上海市人民政府发布上海市无居民海岛、低潮高地、暗礁标准名录》，认定"江亚南沙"为标准名称。沙泥岛。岸线长4.99千米，面积1.638 6平方千米，最大高程1.7米。沉积物以粉砂和黏土质粉砂为主，地势平坦。植被茂盛，以芦苇、海三棱藨草群落为主。属国家级九段沙湿地自然保护区。

九段沙 (Jiǔduàn Shā)

北纬31°13.3′，东经121°54.4′。位于长江口南支水道南北槽之间、拦门沙河段，包括九段上沙、九段中沙和九段下沙等三个部分，北面为长江口深水航道整治工程中鱼嘴工程和南导堤头部，西南为长江口南槽水道，近大陆岸线7.01千米。其名称由来有两种说法：一说因该岛正西方向白龙港附近有一地，原叫九段，就此得名。一说元明后上海地区实行聚灶为团煎盐，"九"为此团编号称九团，"段""团"谐音，沿用至今。曾名九头沙、铁板沙、白条子沙与黑沙头、九团沙等。渔民认为这里沙头很多，或称有九个沙头，故称"九头沙"。因九段沙由细砂和粉砂组成，露出水面后沉积物中水分容易渗透，地面坚硬，行走方便，当地称之为"铁板沙"。白条子沙和黑沙头之名，是因九段沙沉积物来源于长江，含有白云母和黑云母轻矿物成分，云母在不同光线的照射下会产生不同颜色的反映。又因九段沙地处长江口南岸"九团"以东，因此俗称"九团沙"。1986年9月《上海市人民政府关于本市沿海岛礁地名命名、更名的批复》定名为"九段沙"。2012年12月17日上海市人民政府发布《上海市无居民海岛、低潮高地、暗礁标准名录》，认定"九段沙"为标准名称。

河口冲积沙岛。岸线长54.10千米，面积61.190 7平方千米，最大高程1.9米。地貌类型分为泥滩、粉砂滩、泥质粉砂滩和粉砂质泥滩。植被茂盛，底栖生物种类繁多，是东亚候鸟主要迁徙地，有国家一级保护动物中华鲟和二级保护动物花鳗鲡、黑脸琵鹭、小天鹅、红隼、苍鹰、普通狂鸟、白头鹞、雀鹰、小青脚鹬、江豚等。有记录鸟类9目21科113种。2000年上海市人民政府批准建立"九段沙湿地自然保护区"，2005年被批准为国家级自然保护区，是国际重要湿地。

建有 1 座简易码头和 1 幢综合性管理与观测试验房。

鸡骨礁 (Jīgǔ Jiāo)

北纬 31°10.4′，东经 122°23.0′。位于长江口外，佘山岛东南 30 千米处，距吴淞口约 111 千米。因其礁石嶙峋酷似鸡肋而得名。其名最早见于清乾隆《崇明区志》有关蛇山（即今佘山岛）志文最后记载："旁有小埠为鸡骨礁"。民国时期（1925 年）崇明人陆斌所作《崇明平民常识》书中"崇明区民国初全境图"也标有鸡骨礁。1986 年《上海市人民政府关于本市沿海岛礁地名命名、更名的批复》将其命名为鸡骨礁。鸡骨礁地名不仅被我国海洋、军事、海事、水务、测绘、地名等单位和部门及当地渔民广泛采用，国际上的海图也使用"Jigu Jiao"一名。该岛原始陆地范围狭小，由多个礁石组成，东西向一字排布。第二次全国海域地名普查时将其中最东边面积最大、有人工构筑物的本岛沿用"鸡骨礁"，鸡骨礁西侧 3 个岛礁分别进行命名。2012 年 12 月 17 日上海市人民政府发布《上海市无居民海岛、低潮高地、暗礁标准名录》，认定"鸡骨礁"为该岛标准名称。

基岩岛，由侏罗纪火山岩组成，略高于水面。四周暗礁较多，浪大流急，海蚀严重，基岩裸露。有苔藓生长。该岛在长江口主航道口，地理位置特殊。为保护长江口进出口航道安全，1966 年开始炸礁填筑，1973 年竣工。将鸡骨礁建成长 51 米、宽 43 米、高 34 米的碉堡状钢筋混凝土建筑物人工岛。实际面积约 1 400 平方米，最大高程 12.2 米（不含建筑物）。岛上无人居住，有航标灯为来往船只指明航向。2004 年海事部门完成对鸡骨礁监测设备的改造，安装了目前世界上最先进的船舶自动识别系统（AIS），并建造 1 座高 20 米的 6 层灯塔，使鸡骨礁成为民用船舶导航的雷达站。2010 年上海市人民政府在该岛平台上设立了鸡骨礁（岛）地名标志碑。

鸡骨礁一岛 (Jīgǔjiāo Yīdǎo)

北纬 31°10.4′，东经 122°22.9′。位于长江口外、鸡骨礁以西，是距鸡骨礁最近的一个海岛，近陆距离 47.04 千米。原鸡骨礁由多个礁石组成，东西向一字排布。1986 年上海市岛礁名录对鸡骨礁进行地名标准化时，其西侧岛礁未单独命名。第二次全国海域地名普查，将鸡骨礁西侧 3 个岛礁认定为海岛。该岛为原"鸡骨礁"的一部分，是距现鸡骨礁最近的礁石，加序数得名。2012 年 12 月 17 日上海市人民政府发布《上海市无居民海岛、低潮高地、暗礁标准名录》，认定"鸡骨礁一岛"为该岛标准名称。基岩裸露。岸线长 55 米，面积 206 平方米，高程 4.7 米。

鸡骨礁二岛 (Jīgǔjiāo Èrdǎo)

北纬 31°10.4′，东经 122°22.9′。位于鸡骨礁一岛西侧，近陆距离 47.03 千米。原鸡骨礁由多个礁石组成，东西向一字排布。1986 年上海市岛礁名录对鸡骨礁进行地名标准化时，其西侧岛礁未单独命名。第二次全国海域地名普查，将鸡骨礁西侧 3 个岛礁认定为海岛。该岛为原"鸡骨礁"的一部分，是距现鸡骨礁第二近的礁石，加序数得名。2012 年 12 月 17 日上海市人民政府发布《上海市无居民海岛、低潮高地、暗礁标准名录》，认定"鸡骨礁二岛"为该岛标准名称。基岩裸露。岸线长 56 米，面积 215 平方米，高程 4.5 米。

鸡骨礁三岛 (Jīgǔjiāo Sāndǎo)

北纬 31°10.4′，东经 122°22.9′。位于鸡骨礁二岛西侧，近陆距离 47.02 千米。原鸡骨礁由多个礁石组成，东西向一字排布。1986 年上海市岛礁名录对鸡骨礁进行地名标准化时，其西侧岛礁未单独命名。第二次全国海域地名普查，将鸡骨礁西侧 3 个岛礁认定为海岛。该岛为原"鸡骨礁"的一部分，是距现鸡骨礁最远的礁石，加序数得名。2012 年 12 月 17 日上海市人民政府发布《上海市无居民海岛、低潮高地、暗礁标准名录》，认定"鸡骨礁三岛"为该岛标准名称。由侏罗纪火山岩组成，基岩裸露。岸线长 80 米，面积 432 平方米，高程 4.5 米。

小金山岛 (Xiǎojīnshān Dǎo)

北纬 30°42.4′，东经 121°24.2′。位于上海市以南、杭州湾北岸水域，南距大金山岛 1.75 千米，近大陆岸线 4.1 千米。据传，晋以前该岛与大金山岛同为陆上山脉，统称金山，被海水分离成岛后，为区分大金山岛，改称小金山，1986 年加通名"岛"改今名。历史上亦称"胜山"，曾与大金山岛、浮山岛统称"金山""钊山"。据《金山前传》载，相传很久以前，附近渔村有一对兄弟因为意外收获两只金鸡，被渔霸害死后抛入大海，变成了大金山、小金山。

1986 年 9 月《上海市人民政府关于本市沿海岛礁地名命名、更名的批复》将该岛命名为"小金山岛"。2012 年 12 月 17 日上海市人民政府发布《上海市无居民海岛、低潮高地、暗礁标准名录》，认定"小金山岛"为标准名称。

岸线长 859 米，面积 43 566 平方米，高程 32.5 米。中生代侏罗纪火山岩系构成的基岩岛，岩石节理发育。山体球状风化典型，外形呈浑圆状，山顶平坦，西侧有海蚀岬角、海蚀柱、海蚀平台和海蚀穴等海蚀地貌。生长灌木和刺槐杂草。位于"上海市金山三岛海洋生态自然保护区"内。2008 年上海市人民政府在岛北侧设立"小金山岛"地名标志碑。

大金山岛 (Dàjīnshān Dǎo)

北纬 30°41.5′，东经 121°25.2′。位于上海市以南、杭州湾北岸水域，北距小金山岛 1.75 千米，南距浮山岛 630 米，近大陆岸线 6.6 千米。据传，晋以前该岛与小金山岛同为陆上山脉，统称金山，被海水分离成岛后，为区分小金山，故名。据《金山前传》载，相传很久以前，附近渔村有一对兄弟因为意外收获两只金鸡，被渔霸害死后抛入大海，变成了大金山、小金山。4 000 年前，大金山是与大陆连在一起的，是陆地上的剥蚀残丘。至东晋（317—420 年）杭州湾北岸在距今岸线以南 20 千米处的王盘山附近。晋代以后，杭州湾北岸逐渐坍陷后移，南宋绍兴年间（1131—1162 年）《观林诗话》中记有"华亭并还有金山，潮至则在海中，潮退仍可游山"，当时的金山与陆地若即若离。南宋绍熙四年（1193年）《云间志》成书时，大金山可能已在海中，志中称"（华亭）南海九十里"，"金山在（华亭）县南九十里"，又载"寒穴泉在金山，山居大海中"。1986 年 9 月《上海市人民政府关于本市沿海岛礁地名命名、更名的批复》将该岛命名为"大金山岛"。2012 年 12 月 17 日上海市人民政府发布《上海市无居民海岛、低潮高地、暗礁标准名录》，认定"大金山岛"为标准名称。

上海市面积最大、海拔最高的基岩岛。平面形态略呈菱形，东西长 963 米，南北宽 437 米，岸线长 2.2 千米，面积 0.229 8 平方千米。由侏罗纪黄尖组火山岩组成。岩石节理发育，可见岩脉，有典型球状风化。地势东高西低，山峰呈马鞍形，东部主峰高 103.4 米，西部次峰高 77.5 米；北坡陡峻，南坡较缓，受海浪冲蚀形成岬角和海湾、海蚀柱和海蚀平台。有两栖爬行动物 2 种（泽蛙、金绒蛙），鸟类 15 种（赤腹鹰、红隼、灰斑鸠、矶鹬、白翅浮鸥、蓝翡翠、家燕、白头鹎、黑枕黄鹂、黑卷尾、发冠卷尾、山树莺、极北柳莺、白腰文鸟、三逆眉草鹛），哺乳类有鼩鼱、蝙蝠、褐家鼠、家兔（野化）等。植被类型丰富，保存有最完好的中亚热带原始植被。包括大型真菌木耳科等 10 科，苔藓植物 24 科 42 属 62 种，蕨类植物 15 科，种子植被 99 科 208 种，及壳状地衣等。是上海市受人类影响最小的海岛。

1991 年上海市人民政府批准建立"金山三岛海洋生态自然保护区"。1993 年为上海市第一个市级自然保护区，其范围包括大金山岛、小金山岛、浮山岛和邻近海域 0.5 海里周围水域。2006 年在岛西北面建造固定式科考码头 1 座；山顶有 1 座导航灯塔，2009 年改建，成为长江口和杭州湾雷达导航组的一部分，并在导航灯塔建风力发电机和机房。2008 年在码头左侧设立 "大金山岛"地名标志碑。

大金山北岛 (Dàjīnshān Běidǎo)

北纬 31°41.6′，东经 121°25.3′。位于杭州湾北岸水域，大金山岛北面，距大陆岸线 6.93 千米。因位于大金山岛北面，高潮时与大金山岛分开，故名。1986 年 9 月，《上海市人民政府关于本市沿海岛礁地名命名、更名的批复》在命名"大金山岛"时，未对该岛进行命名。第二次全国海域地名普查认定为海岛，按就近命名的原则，命名为"大金山北岛"。2012 年 12 月 17 日上海市人民政府发布《上海市无居民海岛、低潮高地、暗礁标准名录》，认定"大金山北岛"为标准名称。岸线长 44 米，面积 152 平方米，高程 14.5 米。岛上基岩裸露，无植被生长。

浮山岛 (Fúshān Dǎo)

北纬 30°41.0′，东经 121°25.4′。位于杭州湾北岸水域，大金山岛以南，距大陆岸线 7.82 千米。因其外形如圆盘，浮于海面，故名。历史上曾与大金山岛、小金山岛统称"金山""钊山"。因形似乌龟状，俗称"乌龟山"。1986 年 9 月《上海市人民政府关于本市沿海岛礁地名命名、更名的批复》将该岛及其东侧的礁石统一命名为"浮山岛"。2012 年 12 月 17 日上海市人民政府发布《上海市无居民海岛、低潮高地、暗礁标准名录》，认定"浮山岛"为该岛标准名称。东西长 290 米，南北最宽处 183 米，岸线长 691 米，面积 28 453 平方米，高程 30.8 米。基岩岛，由中生代侏罗纪火山岩组成，岩石节理发育，基岩裸露。植被为刺槐、杂草、灌木，无高大乔木。位于上海市金山三岛海洋生态自然保护区内。2008 年在岛北侧平台上设立"浮山岛"地名标志碑。

浮山东岛 (Fúshān Dōngdǎo)

北纬 30°41.0′，东经 121°25.5′。位于杭州湾北岸水域，浮山岛以东，近陆距离 8.03 千米。原属浮山岛的一部分，后因侵蚀等作用，与浮山岛之间产生一条裂隙，高潮时海水贯穿通过，使其与浮山岛分开，故名。1986 年 9 月《上海市人民政府关于本市沿海岛礁地名命名、更名的批复》命名"浮山岛"时，未对其单独命名。第二次全国海域地名普查认定为新的海岛，按就近命名的原则，故名"浮山东岛"。2012 年 12 月 17 日上海市人民政府发布《上海市无居民海岛、低潮高地、暗礁标准名录》，认定"浮山东岛"为标准名称。岸线长 285 米，面积 4 544 平方米，高程 13.6 米。岩石裸露，海蚀地貌发育，无土壤和植被。

附录一

《中国海域海岛地名志·上海分卷》未入志海域名录[①]

一、水道

标准名称	汉语拼音	行政区	地理位置	
			北纬	东经
长兴水道	Chángxìng Shuǐdào	上海市崇明县	31°19.5′	121°45.0′

二、滩

标准名称	汉语拼音	行政区	地理位置	
			北纬	东经
长江口南沿其他边滩	ChángjiāngkǒuNányán Qítā Biāntān	上海市	31°17.3′	121°43.2′
杭州湾北沿边滩	HángzhōuwānBěiyán Biāntān	上海市	30°51.0′	121°44.3′
长江口江心沙洲其他边滩	ChángjiāngkǒuJiāngxīn shāzhōuQítā Biāntān	上海市浦东新区	31°10.7′	122°02.1′
南汇东滩	Nánhuì Dōngtān	上海市浦东新区	30°52.8′	121°58.5′
二通边滩	Èrtōng Biāntān	上海市崇明县	31°38.9′	121°40.1′
汲合边滩	Jíhé Biāntān	上海市崇明县	31°37.1′	121°50.6′
崇明南沿边滩	ChóngmíngNányán Biāntān	上海市崇明县	31°29.9′	121°41.2′
奚东边滩	Xīdōng Biāntān	上海市崇明县	31°26.3′	121°50.3′
长兴岛其他边滩	ChángxìngdǎoQítā Biāntān	上海市崇明县	31°23.5′	121°45.8′
横沙岛其他边滩	HéngshādǎoQítā Biāntān	上海市崇明县	31°19.1′	121°48.7′
崇明北支边滩	ChóngmíngBěizhī Biāntān	上海市崇明县	31°03.7′	122°03.7′
横沙东滩	Héngshā Dōngtān	上海市崇明县	30°50.2′	121°38.4′

[①] 根据2018年6月8日民政部、国家海洋局发布的《中国部分海域海岛标准名称》整理。

三、河口

标准名称	汉语拼音	行政区	地理位置	
			北纬	东经
新川沙河	Xīnchuānshāhé	上海市宝山区	31°29.2′	121°21.5′
顾泾河	Gùjīnghé	上海市宝山区	31°27.7′	121°24.8′
练祁河	Liànqíhé	上海市宝山区	31°26.9′	121°26.2′
马路河	Mǎlùhé	上海市宝山区	31°25.1′	121°28.2′
北新建港	Běixīnjiàn Gǎng	上海市浦东新区	31°50.0′	121°13.5′
高桥港	Gāoqiáo Gǎng	上海市浦东新区	31°22.1′	121°35.1′
五好沟	Wǔhǎogōu	上海市浦东新区	31°19.1′	121°40.8′
张家浜	Zhāngjiābāng	上海市浦东新区	31°15.8′	121°44.4′
川杨河	Chuānyánghé	上海市浦东新区	31°13.1′	121°45.7′
江镇河	Jiāngzhènhé	上海市浦东新区	31°11.8′	121°47.3′
薛家泓	Xuējiāhóng	上海市浦东新区	31°06.8′	121°51.6′
南槽口	Náncáo Kǒu	上海市浦东新区	31°04.1′	121°59.5′
大治河	Dàzhìhé	上海市浦东新区	31°00.2′	121°56.1′
滴水湖出海口	DīshuǐhúChūhǎi Kǒu	上海市浦东新区	30°52.7′	121°57.6′
芦潮港	Lúcháo Gǎng	上海市浦东新区	30°51.7′	121°50.8′
芦潮引河	Lúcháoyǐnhé	上海市浦东新区	30°51.6′	121°54.6′
龙泉港	Lóngquán Gǎng	上海市金山区	30°44.5′	121°22.9′
中港	Zhōng Gǎng	上海市奉贤区	30°51.5′	121°43.8′
南门港	Nánmén Gǎng	上海市奉贤区	30°50.9′	121°39.3′
金汇港	Jīnhuì Gǎng	上海市奉贤区	30°49.6′	121°31.5′
南竹港	Nánzhú Gǎng	上海市奉贤区	30°48.8′	121°28.9′
界河	Jièhé	上海市崇明县	31°50.8′	121°19.8′
北庙港	Běimiào Gǎng	上海市崇明县	31°49.9′	121°22.0′
北鸽龙港	Běigēlóng Gǎng	上海市崇明县	31°47.7′	121°25.8′
北老滧港	Běilǎoxiào Gǎng	上海市崇明县	31°46.6′	121°28.5′
南横引河	Nánhéngyǐnhé	上海市崇明县	31°45.6′	121°11.7′

标准名称	汉语拼音	行政区	地理位置	
			北纬	东经
南新建港	Nánxīnjiàn Gǎng	上海市崇明县	31°44.5′	121°12.6′
南鸽龙港	Nángēlóng Gǎng	上海市崇明县	31°39.9′	121°19.8′
三沙洪	Sānshā Hóng	上海市崇明县	31°37.7′	121°22.6′
南老滧港	Nánlǎoxiào Gǎng	上海市崇明县	31°36.9′	121°24.8′
张网港	Zhāngwǎng Gǎng	上海市崇明县	31°36.1′	121°26.7′
东平河	Dōngpínghé	上海市崇明县	31°35.4′	121°28.8′
新河港	Xīnhé Gǎng	上海市崇明县	31°34.2′	121°31.1′
南四滧港	Nánsìxiào Gǎng	上海市崇明县	31°31.1′	121°39.5′
南六滧港	Nánliùxiào Gǎng	上海市崇明县	31°30.3′	121°42.5′
南八滧港	Nánbāxiào Gǎng	上海市崇明县	31°28.9′	121°45.1′
奚家港	Xījiā Gǎng	上海市崇明县	31°28.6′	121°47.2′
团结沙港	Tuánjiéshā Gǎng	上海市崇明县	31°26.6′	121°52.0′
创建港	Chuàngjiàn Gǎng	上海市崇明县	31°25.9′	121°36.4′
潘石港	Pānshí Gǎng	上海市崇明县	31°24.9′	121°38.0′
北港口	Běigǎng Kǒu	上海市崇明县	31°24.1′	121°54.7′
马家港	Mǎjiā Gǎng	上海市崇明县	31°23.2′	121°41.0′
创建河	Chuàngjiànhé	上海市崇明县	31°22.4′	121°49.8′
红星港	Hóngxīng Gǎng	上海市崇明县	31°21.2′	121°48.1′
跃进河	Yuèjìnhé	上海市崇明县	31°20.6′	121°45.0′
新民港	Xīnmín Gǎng	上海市崇明县	31°19.9′	121°48.2′
海庆河	Hǎiqìnghé	上海市崇明县	31°19.8′	121°45.5′
文兴港	Wénxīng Gǎng	上海市崇明县	31°14.5′	121°50.0′
北槽口	Běicáo Kǒu	上海市崇明县	31°11.5′	122°10.7′

附录二

《中国海域海岛地名志·上海分卷》索引